SketchUp（中国）授权培训中心官方指定教材

SketchUp用户自测题库

孙哲　潘鹏　编著

清华大学出版社
北　京

内 容 简 介

本题库是由 SketchUp（中国）授权培训中心组织编制的，近 260 题，涉及 1200 多个知识点，取题范围和答案以 SketchUp 官方网站（英文）帮助中心内容为主要依据；是 SketchUp 国际认证（SCA）各等级资格认证考试的必考内容。

本书可作为大专院校、中职中技中专相关专业的教材或参考书，也可作为在职设计师进修和社会培训机构的专业教材。

图书在版编目(CIP)数据

SketchUp用户自测题库 / 孙哲，潘鹏编著. —北京：清华大学出版社，2021.9
SketchUp（中国）授权培训中心官方指定教材
ISBN 978-7-302-59004-0

Ⅰ.①S… Ⅱ.①孙… ②潘… Ⅲ.①建筑设计—计算机辅助设计—应用软件—习题集 Ⅳ.①TU201.4-44

中国版本图书馆CIP数据核字(2021)第176420号

责任编辑：张 瑜
封面设计：李 坤
责任校对：周剑云
责任印制：宋 林
出版发行：清华大学出版社
网 址：http://www.tup.com.cn, http://www.wqbook.com
地 址：北京清华大学学研大厦A座 **邮 编**：100084
社 总 机：010-62770175 **邮 购**：010-62786544
投稿与读者服务：010-62776969, c-service@tup.tsinghua.edu.cn
质量反馈：010-62772015, zhiliang@tup.tsinghua.edu.cn
课件下载：http://www.tup.com.cn, 010-62791865
印 装 者：小森印刷(北京)有限公司
经 销：全国新华书店
开 本：190mm×260mm **印 张**：4.75 **字 数**：90千字
版 次：2021年9月第1版 **印 次**：2021年9月第1次印刷
定 价：28.00元

产品编号：092742-01

目 录

用户自测题库

题 库 答 案

错 题 释 疑

用户自测题库

据统计，SketchUp 的用户中，有一多半是通过自学入门的，缺乏系统的专业培训，基础差、重要概念不全且有偏差，因此应用水平难以提高。为了帮助用户填补短缺，提高应用水平，SketchUp（中国）授权培训中心开展了各等级培训。为方便用户自测，培训中心编列了本自测题库。本题库近 260 道题，涉及 1200 多个知识点，取题范围和答案以 SketchUp 官方网站（英文）帮助中心的内容为主要依据。本题库中的所有题目都可以在本中心编写的《SketchUp 要点精讲》和《LayOut 制图基础》中找到具体的讲解。

题库中不含插件和冷僻内容，也不包含行业和专业的特殊知识，属于每位 SketchUp 用户必须掌握的"应知应会"性质的内容。题库内所涉及的内容都将是 SketchUp 国际认证（SCA）各等级资格认证考试的必考内容。

本题库里的自测题有以下用途：

（1）初学者用来学前参考和学习过程中的自测对照。

（2）已经自学 SketchUp 的用户，可用来自查知识盲点并调整学习方向。

（3）可作为 SketchUp 相关教学培训用的提纲。

（4）可作为 SketchUp 技能认证考前辅导。

（5）可作为 SketchUp 技能认证考核用后备题库。

（6）部分题目重复是为了方便各地授权的讲师从题库中自行分解出试卷。

随着 SketchUp 的更新换代，SketchUp 2020 部分术语已改变，如"图层"改成"标记"，管理目录的操作界面也有了很大的变化……所以题库内容还会不定期地充实调整。

对此题库的批评或建议请发电子邮件到：SketchUp001@163.com。

1 学前自测

为方便已学习过一阶段的读者进行下一步学习前的自测，这部分自测题分量较大（71 题），除了基本概念外，还包含了其余各节的部分内容（其余各节会减去这部分）。

1-1 关于 SketchUp 版本与安装问题，请勾选下列正确的表述。（可多选）

A □ SketchUp 必须安装在计算机硬盘的 C 分区（俗称 C 盘）。
B □ SketchUp 的运行必须有网络框架 .Net Framework 的支持。
C □ SketchUp 的版本越高，性能就越好，占用资源也更少。
D □ Windows XP 和 32 位的 Windows 系统不能安装新版本的 SketchUp。
E □ 因新版 SketchUp 不兼容老插件，故现在有很多单位还在使用 SketchUp 2015 甚至 8.0。

1-2 关于 SketchUp 版本与安装问题，请勾选下列正确的表述。（可多选）

A □ 安装完 SketchUp 后还要设置模型、组件、材质、风格、模板等一组文件夹。
B □ 任何版本的 SketchUp 都可以打开所有的 skp 文件。
C □ 为了避免损失，一定不要把模型保存在 C 盘（包括桌面与系统默认的库里）。
D □ 把新创建的模型放在电脑桌面上，今后打开更方便。
E □ Windows 7 与 32 位的操作系统不能安装 SketchUp 的最新版本。

1-3 关于计算机与操作系统方面的问题，请勾选正确的表述。（可多选）

A □ 新版的 SketchUp 只能在 64 位的 Windows 系统上安装运行 。
B □ SketchUp 只能在多核多线程的电脑上运行。
C □ 无论电脑 CPU 是四核或八核、十二核，SketchUp 只用其中的一核。
D □ 电脑主要用 CPU 来处理 skp 模型的“线”，显卡则用来处理 skp 模型的“面”。

1-4 关于计算机与操作系统方面的问题，请勾选正确的表述。（可多选）

A □ 建模操作用的是脑袋和手，鼠标和鼠标垫无足轻重。
B □ 电脑没有安装独立显卡时，CPU 会自动承担部分本应由显卡承担的任务。
C □ 在同一台电脑上，可以同时打开一个以上的 SketchUp 窗口。
D □ 我们可以在同时打开的两个或更多 SketchUp 窗口里做互相复制、剪切、粘贴的操作。

1-5 关于计算机与操作系统方面的问题，请勾选正确的表述。（可多选）

A □ 只有配置了 nVIDIA 显卡的电脑才能安装 SketchUp。
B □ 电脑主要用 CPU 来处理 skp 模型的“线”，显卡则用来处理 skp 模型的“面”。
C □ 电脑的内存数量大些，SketchUp 就会运行得更好。
D □ 同价值的台式电脑比笔记本电脑的建模效率高得多。

1-6 玩游戏非常顺畅的电脑，用 SketchUp 建模却卡顿，主要是因为以下原因。（可多选）

a）CPU 不够强悍　b）内存太少　c）硬盘不够大　d）显卡不好
e）显卡对 OpenGL 支持不好　f）显存太少　g）模型线面数太大
h）我的手脚不够利索　i）集成显卡　j）玩游戏把电脑玩坏了

□a □b □c □d □e □f □g □h □i □j

1-7 请勾选下列正确的表述。（可多选）

A □ 模型中过多的细节会增加计算机的负担，从而影响工作。

B □ 衡量建模水平并非全看模型的复杂精细度，还要看能否用最少的线面表达同一主题。

C □ 比较好的建模策略是在表达清楚设计意图与线面数量之间找到一个平衡点。

1-8 关于 SketchUp 工作窗口里的红绿蓝三条线，请勾选正确的表述。

A □ 它们是建模绘图用的参考线，有了它们就不容易画歪了。

B □ 它们是系统的坐标轴。

C □ 红色的虚线指向的是 X 轴方向。

D □ 红绿蓝三条线的交点就是坐标原点，并且不能改变。

1-9 关于 SketchUp 工作窗口里的红绿蓝三条线，请勾选正确的表述。（可多选）

A □ 平行于红绿两条线画的平面（XY 平面）可以看成 0.00 标高的地面。

B □ 模型要建在红绿蓝三条实线所在的区域，并尽量靠近坐标原点。

C □ 建模过程中，大多数操作都要注意是否平行于红绿蓝三条轴线。

D □ 为了方便，模型可以建在任何虚线和实线的区域内。

1-10 SketchUp 里除了 XYZ 三轴，还有东南西北和地面上、地面下的概念，请勾选正确的回答。（可多选）

A □ 因为 SketchUp 要用于建筑、规划和景观行业，所以要有东南西北的概念。

B □ 因为地球是圆的，而屏幕是平的，所以要有东南西北上下的概念。

C □ 因为 SketchUp 里有日照光影，所以才有东南西北的概念。

D □ 因为很多人分不清东南西北，所以要有东南西北上下的概念。

E □ 因为 SketchUp 里有地理位置，所以才有东南西北的概念。

1-11 SketchUp 里除了 XYZ 三轴，还有东南西北和地面上、地面下的概念，请勾选正确的回答。

A □ 很多人建房和买房喜欢坐南朝北，所以 SketchUp 有东南西北的概念。

B □ 因为 SketchUp 可以用来做日照研究，所以要有东南西北的概念。

C □ 我搞室内设计，东南西北不关我的事。

D □ 因为女孩子大多是路痴，分不清东南西北，所以要有东南西北的概念。

E □ 因为我们生活在北半球，所以要有东南西北的概念。

1-12 关于“推断参考”，请勾选正确的表述。（可多选）

A □ SketchUp 里所谓的“推断参考”，是配合准确快速建模的重要智能信息系统。

B □ 绘制和编辑图形时，工具图标后面常见的彩色线条就是一种“推断参考”。

C □ 各种彩色的圆点、方点也是“推断参考”信息。

D □ 红绿蓝三条轴线是“推断参考”信息的一部分。

1-13 关于“推断参考”，请勾选正确的表述。（可多选）

A □ 充分利用“推断参考”信息可以降低建模难度，加快建模速度。
B □ 利用“推断参考”信息可以直接获得几何体的尺寸。
C □ 充分利用“推断参考”信息可以提高建模的精度。
D □ 每个线段都会自动产生两个端点和一个中点。

1-14 关于“推断参考”，请勾选正确的表述。（可多选）

A □ 绘制平行线和垂直线都可以利用“推断参考”来配合。
B □ 利用“推断参考”信息可以直接获得几何体的角度值。
C □ 黑色的推断参考线表示当前不与任何轴平行。
D □ 建模的全过程中，由推导引擎生成的参考点和其他提示信息无所不在。
E □ 正确并且善于利用参考点和提示信息，可以帮助我们更快、更好、更准确地创建模型。

1-15 关于 SketchUp 中的几何体，请勾选正确的表述。（可多选）

A □ SketchUp 模型由线段和平面组成，线段、平面和它们组成的立体统称为图元（或对象）。
B □ 删除多边形的一小段边线后，它还是多边形。
C □ “线段”是 SketchUp 最基础的几何体，三条以上的线段首尾相连就成了“面”。
D □ “面”的基础是“线”，线定义面的边界，删除面的任何边线，面就被破坏。

1-16 关于 SketchUp 中的几何体，请勾选正确的表述。（可多选）

A □ SketchUp 的运行原理跟 AutoCAD、3ds Max、Photoshop 等软件完全不同。
B □ 删除面，边线可以独立存在，还可以恢复成面。
C □ 删除一个多边形的面以后，它还是个多边形。
D □ SketchUp 里的几何体是以面为基础的。
E □ 几何体的一小段边线缺损，几何体的面就丢失。

1-17 关于 SketchUp 中的几何体，请勾选正确的表述。（可多选）

A □ 想要恢复破坏的几何体，可以用补线成面的方法。
B □ 跟某些软件一样，在同一位置画线会产生重叠的线，这种情况需要避免。
C □ 两个重叠在一起的面，在旋转或移动它们时会产生闪烁提示。
D □ SketchUp 里带波浪号的数据表示为近似值，误差小于正负一个基本单位（如 ± 1mm）。
E □ SketchUp 很多工具都可以用不断输入新数值的方法逐步逼近想要的结果。

1-18 关于 SketchUp 坐标系统，请勾选正确的表述。（可多选）

A □ 打开 SketchUp 后的红绿蓝三条线是默认的“世界坐标系”。
B □ 打开 SketchUp 后的红绿蓝三条线是默认的“绝对坐标系”。
C □ 除了“世界坐标系”“绝对坐标系”之外，还有“相对坐标系”。
D □ 用于隔离数据的逗号，不分中英文，都一样。

1-19 关于 SketchUp 坐标系统，请勾选正确的表述。（可多选）

A ☐ 除了“世界坐标系”“绝对坐标系”“相对坐标系”之外，还有“用户坐标系”。

B ☐ 在 SketchUp 里输入数据要按 X Y Z 的顺序，并且以逗号隔开。

C ☐ 可以用尖括强调指定绝对坐标，如 <X,Y,Z>。

D ☐ 方括号里的数据是相对坐标，如 [X,Y,Z]。

E ☐ 不用括号来强调的数据，用的是“世界坐标”。

1-20 关于 SketchUp 中的圆形、多边形和圆弧，请勾选下列正确的表述。（可多选）

A ☐ SketchUp 里的圆、多边形和圆弧都是由线段拟合而成的，其实都是多边形。

B ☐ 在 SketchUp 里画圆和圆弧，为了提高精度，可以任意指定线段的数量。

C ☐ 用画圆的工具也可以画多边形。

D ☐ 用多边形工具也可以画圆形。

E ☐ 用圆形工具和多边形工具画同样的圆形，推拉成圆柱形后外观完全相同。

1-21 关于 SketchUp 中的圆形、多边形和圆弧，请勾选下列正确的表述。（可多选）

A ☐ SketchUp 默认用 20 段线拟合成一个圆形，默认用 10 段线拟合成一个圆弧。

B ☐ 输入数字后，再加上一个字母 S 做后缀，SketchUp 会默认为修改对象的“边数”。

C ☐ 绝大多数情况下，SketchUp 默认的圆和弧的线段数，精度已经足够，不用增加。

D ☐ 增加圆和圆弧的线段数，后续的建模过程中可能令模型的线面数量急剧增加。

1-22 SketchUp 里的圆形和多边形，请勾选最多可以由多少个线段拟合而成。

a）99　b）100　c）199　d）499　e）　999　f）1000

☐ a　☐ b　☐ c　☐ d　☐ e　☐ f

1-23 SketchUp 里的圆弧，请勾选最多可以有多少个线段。

a）99　b）100　c）199　d）499　e）999　f）1000

☐ a　☐ b　☐ c　☐ d　☐ e　☐ f

1-24 关于 SketchUp 模型的正面和反面，请勾选正确的表述。（可多选）

A ☐ 别的三维软件都没有正反面，SketchUp 建模还要分正反面，真是画蛇添足，多此一举。

B ☐ SketchUp 模型的正反面主要用于模型的后续渲染，不做渲染的模型可不用理会。

C ☐ 当把模型导出成 dwg、dxf、3ds、jpg、png 等格式的时候，要特别注意正反面。

D ☐ 出现少量的反面时，可以逐一翻面，也可以加选所有需要翻转的面后一次搞定。

1-25 关于 SketchUp 模型的正面和反面，请勾选正确的表述。（可多选）

A ☐ 建筑专业的房屋外观模型要统一正面朝外，偶尔有反面的要及时翻转。

B ☐ 室内设计专业的室内墙壁门窗家具都要正面朝向模型内部，偶尔有反面的要及时翻面。

C ☐ 景观设计专业的模型基本跟建筑专业一样，要正面朝外。

D ☐ 在朝向正确的面上右击并在显示的快捷菜单里选择“确定面的方向”可大大减少翻面的工作量。

1-26 关于 SketchUp 模型的正面和反面，请勾选正确的表述。（可多选）
A □ 为了加快建模速度，建模过程中出现的反面可以先不去管它，等模型完工后一次搞定。
B □ 还要做后续渲染的模型，要格外注意模型的正反面。
C □ 我们可以对模型的正面和反面赋予不同的材质。
D □ 翻面是个体力活，所以有人编制过一些专门用来配合翻面的插件。

1-27 关于“相机”，请勾选正确的表述。（可多选）
A □ SketchUp 中有平行投影、透视和两点透视三种展示模式，可以通过相机菜单切换。
B □ “相机”只有在“透视”状态时才最符合人类的视觉习惯（近大远小）。
C □ 相机菜单里的“平行投影”仅限于导出二维视图时短暂使用。
D □ 平行投影模式，完成导出后，其实不用急着恢复到“透视”状态。
E □ “两点透视”主要用于导出高大对象时不至于出现头重脚轻的喇叭状。

1-28 关于“相机”，请勾选正确的表述。（可多选）
A □ 整个建模过程，最好都要在“透视”状态下进行，否则容易产生视觉疲劳。
B □ 用“两点透视”导出的二维图形才是真正的“透视”。
C □ “两点透视”仅限于导出二维图形时短暂使用，过后应立即恢复到“透视”状态。
D □ 最好设置一个快捷键，方便随时检查和恢复到“透视”状态。
E □ 如没有特殊需要，skp 模型在保存、打印和发布之前最好恢复到透视状态。

1-29 关于 SketchUp 工作区的视角（视野），请勾选正确的表述。（可多选）
A □ SketchUp 默认的视角（视野）是 60 度。
B □ 35 度的视角可以兼顾视野宽度并不至于太失真。
C □ 更大的视角（譬如 90 度）可以获得类似“广角镜头”的效果，还不会增加视觉失真。
D □ 单击缩放工具（指放大镜的那个）输入数字后回车，即可调整视角。
E □ 相机的视角越大，窗口里的对象离我们就越近。

1-30 关于 SketchUp 工作区的视角（视野），请勾选正确的表述。（可多选）
A □ 单击缩放工具，按住 Shift 键，不用输入视角值，上下移动工具就可动态调整视角。
B □ 单击缩放工具，输入带 mm 的值（如 35mm）回车后得到相当于该焦距镜头的视角效果。
C □ 相机镜头焦距越小，视野里看到的东西距离越远。
D □ 改变视野的时候，相机仍然留在原来的三维空间位置上。
E □ 没有特殊的需要，请保持用 30 ~ 35 度的视角建模（SketchUp 的默认视角）。

1-31 关于模板，请勾选正确的表述。（可多选）
A □ SketchUp 默认模板基本都适合中国用户，可以直接引用。
B □ 想要有一个称心如意的面板，最好要根据自己的要求来做改造。
C □ 可以把公司 Logo 做成一幅 png 图片，放到自己创建的模板里以保护知识产权。
D □ 避免使用“出头线”和“深粗线”，模型会显得更干净利落。

1-32 关于模板，请勾选正确的表述。（可多选）

A □ 使用了“出头线”和“深粗线”后，在线条密集的位置会一团漆黑。
B □ 默认的“比例人”是建模时的重要参照物，最好保留。
C □ 已经删除的“比例人”可以找回。
D □ 改造完成后的模板要像保存模型文件一样保存。
E □ 简单的模型，适当使用“出头线”可以体现“设计感”。

1-33 请勾选改造模板时需要检查与重新设置的项目。（可多选）

a）边线类型　b）计量单位　c）尺寸角度精度　d）尺寸线与端部等
e）字体的大小颜色　f）坐标轴　g）地理信息　h）版权信息　i）统计信息
j）应用程序　k）文件位置　l）快捷键　m）日照光影

□a □b □c □d □e □f □g □h □i □j □k □l □m

1-34 关于环绕与平移，请勾选正确的表述。（可多选）

A □ SketchUp 是一个单窗口的三维设计工具，比多窗口的三维软件更加直观易用。
B □ 多窗口的三维建模软件比单窗口的 SketchUp 要消耗更多的计算机资源。
C □ SketchUp 用单窗口来完成三维的设计，所以建模过程要不断做环绕和平移的操作。
D □ 虽然环绕、平移都有工具图标，但很少有人去单击这两个图标。

1-35 关于环绕与平移，请勾选正确的表述。（可多选）

A □ 按下鼠标中键（滚轮）等效于环绕工具。
B □ 按下鼠标中键（滚轮）加 Shift 键等效于平移工具。
C □ 环绕和平移图标，它们是单击得最多的图标。
D □ 可以用创建合适数量的场景页面来避免频繁的环绕和平移操作。
E □ 可以用视图工具（六个小房子）避免频繁的环绕和平移操作。

1-36 关于缩放工具（放大镜图标），请勾选正确的表述。（可多选）

A □ 大工具条上居然有两个不同功能的缩放工具，显然是 SketchUp 的一个毛病。
B □ 缩放工具（放大镜图标）是一个单功能工具。
C □ 单击缩放工具（指放大镜的那个）可以检查当前的视角。
D □ 虽然大工具条上有缩放工具的图标（放大镜图标）但很少有人去单击它。
E □ 用缩放工具（放大镜图标）可在“视角 deg”和“焦距 mm”两种方式中选一种进行调整。

1-37 关于缩放工具（放大镜图标），请勾选正确的表述。（可多选）

A □ 前后旋转鼠标滚轮等效于缩放工具（放大镜图标）。
B □ 缩放工具（放大镜图标）可以用来调整视角。
C □ 用缩放工具（放大镜图标）只能调整视角，不能用来调整焦距。
D □ 建模过程中，小范围的缩放用鼠标滚轮，大范围的缩放用缩放工具。
E □ 单击缩放工具后，输入带 deg 后缀的值（如 60deg）回车后得到相当于该视角效果。

1-38 关于视图（六个小房子），请勾选正确的表述。（可多选）

A □ “视图”有严格的国际标准，仅点击六个小房子图标的任一个都不能得到准确的“视图”。
B □ 建模的时候，可以借助视图工具降低劳动强度，加快建模速度。
C □ 单击视图工具条上的第一个图标可以快速显示“透视图”。
D □ 单击视图工具条上的“等轴”工具，相当于从 45 度角看对象。
E □ 只有在相机菜单里指定“平行投影”后才能得到严格意义上的各方向“视图”。

1-39 关于视图（六个小房子），请勾选正确的表述。（可多选）

A □ 视图工具条上缺一个“底视图”，所以想快速到达模型的底部只能用环绕工具。
B □ 单击视图工具条上的俯视、前视、后视、左视、右视按钮看到的并不是严格意义的“视图”。
C □ 建模过程中把“视图”调得太大（近）看不到模型全貌，有如盲人摸象。
D □ 经常要用到“底视图”的特殊情况，可以设置个快捷键。
E □ 对于一个正立方体模型，单击视图工具条上的“等轴”工具后将看到真实透视的立方体。

1-40 关于视图（六个小房子），请勾选正确的表述。（可多选）

A □ 因为不常用，所以相机工具条上没有“底视图”的按钮，必须到相机菜单里去找。
B □ 对于一正立方体，单击视图工具条上的“等轴”工具后将看到 X 轴和 Y 轴方向内容相同。
C □ 建模过程中把“视图”调得太小（远）很难对细节进行操作。
D □ 视图菜单里的“表面类型”其实跟“视图”工具条的内容基本一样。
E □ “视图”还包括“焦距”“视角”“距离”“透视”等概念。

1-41 关于相机，请勾选正确的表述。（可多选）

A □ SketchUp 里所谓的“相机”是借用摄影专业的术语。
B □ SketchUp 里的“相机”与“视图”是两个完全不同的概念。
C □ SketchUp 里的“相机”就是从一个特定的点观看场景。
D □ “相机”不包括“焦距”“视角”“距离”“透视”等概念。

1-42 关于相机，请勾选正确的表述。（可多选）

A □ SketchUp 里所谓的“相机”其实还包括工作窗口以外的部分。
B □ “视图”是借用二维绘图软件中的概念，相对简单。
C □ “视图”还包括“焦距”“视角”“距离”“透视”等概念。
D □ SketchUp 里的“相机”就是工作窗口里可以看到的部分。

1-43 关于剖切工具，请勾选正确的表述。（可多选）

A □ 制图理论中的“截面”“剖面”和“剖切”三者有不同的定义。
B □ 在楼板的截面图中，只要画出截开的楼板，不用理会与楼板连在一起的楼梯。
C □ 剖面图中包含了截面。
D □ 在楼板的截面图中，除了要画出截开的楼板外，与楼板连在一起的楼梯也要画出来。

1-44 关于剖切工具，请勾选正确的表述。（可多选）

A □ 在剖面图中，凡是剖开后看得见的东西都要画出来。

B □ 截面图就是截面图，永远不会是剖面图中的一部分。

C □ “截面”和“剖面”是名词，“剖切”是动词，不应混淆。

D □ 严格地讲，用来创建剖面的工具名称应该是“剖切工具”而不是现在的“剖切面工具”。

E □ 在剖面图中，凡是无关紧要的对象都可以不用画出来。

1-45 关于工具条，请勾选正确的表述。（可多选）

A □ 从视图菜单的“工具栏”里可以调出 SketchUp 所有的工具条。

B □ 我们只要调出最重要、最常用的工具条即可，以免占用宝贵的操作空间。

C □ 把所有的工具条都调出来可以节约时间，加快建模速度。

D □ 绝大多数常用工具都有默认的快捷键，所以没有必要把工具条都弄出来。

1-46 关于工具条，请勾选正确的表述。（可多选）

A □ 从视图菜单里调出的工具条很多都是重复的。

B □ 为了少占用建模空间，所有工具只要显示小图标即可。

C □ 建模熟练的人很少去单击工具条上的图标。

D □ 把所有的工具条都调出来才显得有水平。

1-47 关于扩展程序（插件），请勾选正确的表述。（可多选）

A □ 所谓“扩展程序”（插件），就是自动调用 SketchUp 基本功能集合的小程序。

B □ “扩展程序”（插件）是用一种叫作 Ruby 的脚本语言编写的小程序。

C □ 所有插件都会随着 Ruby 的升级而自动升级。

D □ 学习好 SketchUp 的基本工具相当于练好武术中的马步等基本功。

E □ 扩展程序（插件）可比喻成武术中的刀枪棍棒，基本功不扎实一定玩不好刀枪棍棒。

F □ SketchUp 每一次升级都伴随着 Ruby 的升级，很多插件因此不能用，非常头疼。

1-48 关于扩展程序（插件），请勾选正确的表述。（可多选）

A □ 创建任何模型最好都要有插件来配合。

B □ 寻找、测试和学习使用插件是个颇伤脑筋的事情。

C □ 几乎没有人会精通所有的插件。

D □ 所有插件都是各行业通用的。

E □ 真正常用的插件不会很多，通常不会多于 50 个（组）。

1-49 关于扩展程序（插件），请勾选正确的表述。（可多选）

A □ 所有“扩展程序”（插件）文件的后缀都是 rbz。

B □ rbz 后缀的插件可以用 SketchUp 的扩展程序管理器安装和管理。

C □ 安装了太多插件会大大增加 SketchUp 的启动时间。

D □ 有些插件之间会闹矛盾起冲突。

E □ rb 后缀的插件可以直接复制到安装目录的 Plugins 文件夹里去。

F □ SketchUp 启动时弹出的错误提示信息几乎全部是插件的问题。

1-50 还是关于扩展程序（插件），请勾选正确的表述。（可多选）

A □ 安装了太多插件会大大增加 SketchUp 的故障率。

B □ 所有人的插件都安装在下列位置：
C:\Users\ 用户名 \AppData\Roaming\SketchUp\SketchUp xxxx\SketchUp\Plugins

C □ 安装完成后的插件经常找不到从何处调用。

D □ 汉化后的插件名称各家不统一，很影响使用。

E □ rb 后缀的文件只是 rbz 文件的一部分，不是具有完整功能的插件。

1-51

1-52 关于场景（页面），请勾选正确的表述。（可多选）

A □ “场景页面”是 SketchUp 特有的重要功能之一。

B □ 合理使用场景（页面）可以降低建模难度，加快建模速度。

C □ 运用场景（页面）功能还可以轻易创建简单的动画。

D □ 运用场景页面可快速切换操作位置，避免频繁调整模型，创建复杂模型时尤其有用。

E □ 建模时可以对不同的页面给予不同的日照、渲染形式、背景、图层等设置。

F □ 通过页面切换，可以实现不同方案的分析、比较和展示。

G □ 场景页面的数量严重影响模型文件的大小。

1-53 我们设置的每个场景（页面）都可能包含以下信息中的部分或全部。（可多选）

a）相机位置 b）隐藏的几何体 c）可见的图层 d）激活了的剖面
e）动画信息 f）样式 g）雾化 h）阴影 i）轴线 j）场景的编号
k）场景的名称 l）场景说明 m）柔化

□a □b □c □d □e □f □g □h □i □j □k □l □m

1-54 关于样式（风格），请勾选正确的表述。（可多选）

A □ “样式”（风格）是 SketchUp 特有的重要功能之一。

B □ SketchUp 默认的样式里，有些消耗更少的计算机资源。

C □ 虽然 SketchUp 用户们天天在用“样式”，但是其实大多数人只用了其中的一小部分。

D □ 合理使用样式（风格）可以增加模型的设计感。

E □ SketchUp 默认的样式里，凡手绘风格的样式都要消耗更多计算机资源。

F □ 灵活运用样式（风格）里的各要素，可以增加设计师的表达能力。

1-55 SketchUp 的“样式”包含了众多的功能与特色，请勾选正确的表述。（可多选）

a）样式工具条上的 7 个功能 b）剖面功能 c）视图菜单 6 个功能
d）线条粗细 e）线条颜色 f）线条形式 g）平面 h）天空地面
i）水印 j）坐标轴 k）剖面填充颜色 l）剖切线 m）前景照片 n）背景照片
o）图层的颜色 p）相机 q）焦距 r）漫游 s）材质贴图

□a □b □c □d □e □f □g □h □i □j □k □l □m □n
□o □p □q □r □s

1-56 关于“日照阴影”，请勾选正确的表述。（可多选）

A □ “日照阴影”是 SketchUp 特有的重要功能之一。

B □ SketchUp 最初是为建筑设计而生，而建筑设计离不开日照参数，就有了这个日照系统。

C □ 下图所示的工具条功能不全，并且只能做粗略的调整。

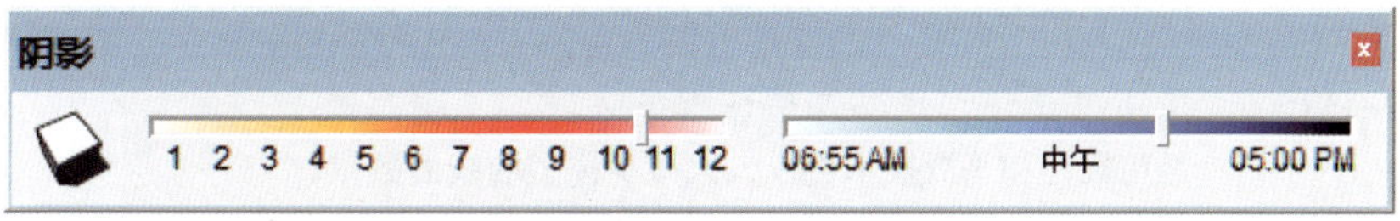

1-57 关于“日照阴影”，请勾选正确的表述。（可多选）

A □ 想对“日照光影”做精确的调整，最好使用默认面板上的“阴影”小面板。

B □ 想要获得准确的日照光影，必须让 SketchUp 知道你的模型将建设在地球的什么位置。

C □ 我们不能改变阴影是否要投射在地面上、平面上。

D □ 日照光影是计算机资源的消耗大户，关闭光影可大幅度节约计算机资源。

1-58 关于“日照阴影”，请勾选正确的表述。（可多选）

A □ 建模中可以全程打开日照光影。

B □ 为了节省计算机资源，SketchUp 在默认状态下不显示模型的阴影。

C □ 勾选“使用阳光参数区分明暗面”，可兼顾光照效果又不至于占用太多资源。

D □ 有一个插件可强迫 SketchUp 按人的意愿任意改变太阳位置和日照方向，其实是做假。

1-59 关于“日照阴影”，请勾选正确的表述。（可多选）

A □ 对日照光影有严格要求的行业，如建筑景观规划业，不宜使用更改日照方向的插件。

B □ SketchUp 的日照阴影系统可以作为居住区日照设计的工具。

C □ SketchUp 可用来检验设计是否符合居住区规划强制性条文里有关于日照的规定。

D □ SketchUp 的日照阴影系统不可能精确模拟地球上任意一点在任意时间的日照阴影。

1-60 关于雾化，请勾选正确的表述。（可多选）

A □ 恰当地使用雾化工具，可以形成所谓的“大气模糊”的状态，得到意深境远的效果。

B □ “雾化”是 SketchUp 的一个常用功能。

C □ 用雾化面板可以改变“雾的颜色”。

D □ 大多数时候，只要选择默认的背景颜色就可以了。

1-61 关于雾化，请勾选正确的表述。（可多选）

A □ 用雾化面板可以改变“雾的颜色”。

B □ 大多数时候，只要选择默认的背景颜色就可以了。

C □ 雾化面板可以对雾化的距离、雾化的程度进行调整。

D □ SketchUp 默认的雾化参数可以满足所有的表达需求。

1-62 关于“柔化”，请勾选正确的表述。（可多选）

A □ SketchUp 的边线可以进行柔化，从而使有折面的模型看起来显得圆润光滑。
B □ 柔化的边线还可以进行平滑，从而使相邻的表面在渲染中能均匀地过渡渐变。
C □ 运用柔化和平滑技术可以大大减少模型的线面数量。
D □ 使用删除工具时按住 Ctrl 键，可以柔化边线，而不是将边线删除。

1-63 关于“柔化”，请勾选正确的表述。（可多选）

A □ 运用柔化和平滑技术可以大大减少模型的线面数量。
B □ 使用删除工具时按住 Ctrl 键，可以柔化边线，而不是将边线删除。
C □ 在单条边线上右击，可以从级联菜单中选择“柔化”。
D □ 选择带有多条边线的对象，在右键级联菜单里选择“柔化”可调用柔化面板。

1-64 关于“柔化”，请勾选正确的表述。（可多选）

A □ 选择一条或多条边线，可以在“图元信息”对话框中确定是否柔化或平滑。
B □ 使用删除工具的同时按住 Ctrl 键和 Shift 键，可以取消边线的柔化。
C □ 当用推拉工具对圆或圆弧进行拉伸时，会自动产生柔化的边线。
D □ 对一个立方体的所有边线进行柔化平滑处理使之以渐变色显示，这是不正确的。

1-65 关于“柔化”，请勾选正确的表述。（可多选）

A □ 近距离的圆柱需要更多的片段加柔化，反之，圆柱在远处只要较少的片段加柔化。
B □ 柔化后的边线会从模型中删除。
C □ 柔化一个圆柱体，只要柔化圆柱面的线条即可，圆柱体两端的圆形是必须保留的。
D □ 如果对象是群组或组件，不必进入群组内部，只要选中它即可进行柔化操作。
E □ 柔化时要注意留下必须留下的线条，通常不应该把滑块调整到大于 90 度。

1-66 关于 Style Builder，请勾选正确的表述。（可多选）

A □ 市面上所有的 3D 建模软件中，只有 SketchUp 提供了 Style Builder 这样的功能。
B □ Style Builder 就是将自定义的手绘线变成手绘草图风格的工具。
C □ Style Builder 是以手绘草图风格展示模型的必不可少的工具。
D □ 以 Style Builder 创建的手绘风格是通过删除适量细节，以更加简洁明快的形象呈现。

1-67 关于 Style Builder，请勾选正确的表述。（可多选）

A □ 手绘线模型将有助于更好地表达概念和创意，使模型和图纸成为其品牌的一部分。
B □ 默认样式里有 90 多种手绘风格，绝大多数用户没有必要创建属于自己的手绘边线风格。
C □ Style Builder 是一个很复杂难用的程序。
D □ 从头开始做一个新的手绘样式太辛苦，做出来还不如默认的好。

1-68 关于漫游，请勾选正确的表述。（可多选）

A □ 漫游工具组包括定位相机、漫游和绕轴旋转三个工具，必须互相配合才能完成漫游。
B □ 无论你是建筑设计、景观设计，还是室内设计，都可以用漫游工具亲历其境，先睹为快。
C □ 定位镜头工具可将镜头，也就是人的眼睛，放置在模型中的特定位置查看模型。
D □ 把定位镜头工具移动到某个位置，相当于你已经站在了这个位置。

1-69 关于漫游，请勾选正确的表述。（可多选）

A □ 工具默认的观测者眼睛高度是 1676 毫米，这是西方人的平均眼睛高度。
B □ 当工具变成一对眼睛后可以移动这对眼睛，向左右看、仰视和俯视。
C □ 单击像鞋底的工具可以四处游荡，移动鞋底可以往前后左右走动。
D □ 鞋底离开十字标记越远，走的速度就越慢。

1-70 关于漫游，请勾选正确的表述。（可多选）

A □ 漫游工具还会自动上下楼梯或斜坡，同时保持眼睛高度不变。
B □ 初学者不用练习便可得心应手地运用这套工具。
C □ 按住 Shift 键的同时上下移动光标，就像在梯子上爬上爬下看到的效果一样。
D □ 按住 Ctrl 键移动工具可得到跑步的速度，节约浏览的时间。

1-71 关于漫游，请勾选正确的表述。（可多选）

A □ 按住 Alt 键就可以穿过墙壁行走，哪怕是比银行金库更厚的墙，也照样一穿而过。
B □ 在行走之前，激活“缩放”工具，按住 Shift 键并上下拖动， 就可扩展视野。
C □ 在使用这一组工具的时候，请时刻注意当前的眼睛高度是否在合理的范围内。
D □ 这一组工具还是制作漫游动画的重要工具。
E □ 漫游工具的用法看起来很简单，但是想要真正用好用活，不经过大量的实践是难以实现的。

2 重要设置

2-1 关于“系统设置”，请勾选下列正确的表述。（可多选）

A □ OpenGL 是用于渲染 2D、3D 矢量图形的跨语言、跨平台的应用程序编程接口（API）。
B □ OpenGL 常用于 CAD、虚拟现实、科学可视化程序和电子游戏开发。
C □ 目前专业的绘图建模用的显卡几乎都得到 OpenGL 的支持。
D □ AMD 品牌的显卡支持 OpenGL 比较好。

2-2 关于“系统设置”，请勾选下列正确的表述。（可多选）

A □ 勾选“使用最大纹理尺寸”，导入较高像素的图片后， SketchUp 才不会自动降低其分辨率。
B □ 勾选“使用最大纹理尺寸”后，处理大尺寸图像就不会影响建模速度了。
C □ 只要勾选“使用快速反馈”，即便是集成显卡也能创建简单的模型。
D □ 勾选“创建备份”后，每个模型都会自动生成一个 skb 格式的备份文件。

2-3 关于“系统设置”，请勾选下列正确的表述。（可多选）

A □ 因为“自动保存”需消耗计算机资源，所以不要把“自动保存时间间隔”设置得太短。
B □ 设置好“默认图像编辑器”就可以借助外部工具弥补 SketchUp 在图像编辑方面的不足。
C □ 取消“使用大工具按钮”的勾选后，建模中可用的工具会少一些，工具栏显得更清晰明了。
D □ 我们可以把工作窗口中的“红绿蓝”三条轴线的颜色改成自己喜欢的颜色。

2-4 关于“系统设置”，请勾选下列正确的表述。（可多选）

A □ 随便选择一种默认模板都可以改造成常用的公制毫米规范的模板。

B □ 32 倍的去锯齿采样效果最好，所以所有电脑上的 SketchUp 都要选择 32 倍采样。

C □ skb 文件要占用空间，所以不是非常重要的模型就没有必要生成 skb 备份。

D □ 必须在“应用程序”中指定外部的图像编辑器，否则 SketchUp 会出现问题。

2-5 关于快捷键，请勾选下列正确的表述。（可多选）

A □ 为了加快建模速度，快捷键越多当然就越方便。

B □ 大多数快捷键都可以在相关的菜单项右侧找到。

C □ 自行设置快捷键时要尽可能保留 SketchUp 默认的快捷键，除非它不合理。

D □ 尽可能把 SketchUp 的快捷键设置得跟操作系统与其他软件一致。

2-6 关于快捷键，请勾选下列正确的表述。（可多选）

A □ 设置快捷键的时候要注意能引起联想。

B □ 快捷键越多建模速度就越快。

C □ 只对最常用的功能设置快捷键。

D □ 导出的快捷键，在不同版本的 SketchUp 之间可能不通用。

2-7 关于快捷键，请勾选下列正确的表述。（可多选）

A □ 为了不至于出错，快捷键最好都要想一想再用。

B □ 快捷键最好是单键，不要超过两个键的复合。

C □ 双键的复合键，两个键最好在单手可操控的范围内。

D □ 设置好的快捷键可以导出到其他电脑使用。

2-8 当发现所有快捷键都不能用的时候，最可能的原因是：（可多选）

a）SketchUp 出毛病了　　b）系统出毛病了

c）SketchUp 快捷键跟其他软件冲突　　d）汉字输入状态

□ a　□ b　□ c　□ d

2-9 关于“模型信息”设置，请勾选下列正确的表述。（可多选）

A □ 每次新建模型前都必须先在“模型信息”里做好设置。

B □ 为了申明模型的技术权益归属，我们只能在模型空间里留下图片形式的签名。

C □ 从 3D 仓库下载的国外英制尺寸的模型，是无法把它改成公制尺寸的。

D □ 我们可以为每个模型添加不同的地理位置信息。

2-10 关于“模型信息”设置，请勾选下列正确的表述。（可单选）

A □ 每次新建模型前都必须先在“模型信息”里做好设置。

B □ “模型信息”中的“分类”是配合“BIM”所用，并非每个行业、每个单位之必需。

C □ 地理位置信息来源于 GPS 定位。

D □ “模型信息”面板的“统计信息”对建模实在没有太多参考价值。

2-11 关于“模型信息”设置，请勾选下列正确的表述。（可多选）

A □ 在“模型信息”里勾选“使用消除锯齿纹理”后可以加快建模速度。

B □ 为了申明模型的技术权益归属，我们可以在模型信息里声明模型的作者。

C □ 按照中国现行制图标准，“单位”应设置成“十进制”，“毫米”精确到毫米（规划业为米）

D □ “地理位置信息”一次设置长期有效。

2-12 关于“模型信息”设置，请勾选下列正确的表述。（可多选）

A □ 建筑、景观等行业的尺寸线两端要设置成箭头。

B □ 我们可以随时用模型信息里的统计信息清理残存的材质组件和风格。

C □ 2021 年的地理位置信息来源于 Google Map。

D □ 安装完 SketchUp 后要设置好“地理位置信息”，以后就一劳永逸了。

3 绘图工具

3-1 关于选择与选择工具，请勾选正确的表述。（可多选）

A □ 选择工具是 SketchUp 里应用频率最高的工具。

B □ 任何时候按下键盘上的空格键就可以使用选择工具。

C □ 能否熟练和灵活运用选择工具直接影响建模速度。

D □ 全选一个立方体，再删除所有边线，会得到一个没有边线的立方体。

3-2 关于选择与选择工具，请勾选正确的表述。（可多选）

A □ 全选一个立方体，再减选六个面，会得到一个立方体线框。

B □ 能否熟练和灵活运用选择工具直接影响建模速度。

C □ 选择方式组合起来运用可以解决很多选择难题。

3-3 关于选择与选择工具，请勾选正确的表述。（可多选）

A □ 如果需要，可以选择同一图层的所有几何体。

B □ 如果需要，可以选择所有同样材质的几何体。

C □ 如果需要，可以选择所有相同的线条或面。

3-4 选择工具有很多种不同的用法，请勾选一共有多少种用法。（可多选）

a）4 种　b）8 种　c）10 种　d）14 种　e）16 种

□ a　□ b　□ c　□ d　□ e

3-5 关于直线和直线工具，请勾选正确的表述。（可多选）

A □ 直线工具是 SketchUp 里用得最多的工具之一。

B □ 绘制精确的直线，还可以在输入的数字后加字母 mm、cm、m 作为量词后缀。

C □ 直线工具当然只能用来画直线。

D □ 两条直线相交，相交的位置自动切断。

E □ 用直线工具可以替代其他工具的一些功能。

3-6 关于直线和直线工具，请勾选正确的表述。（可多选）

A □ 绘制直线的时候要注意工具后面的轴线颜色。
B □ 直线工具还可以分割一个面。
C □ 直线工具可以修补破损的面。
D □ 一条直线炸开后可以变成很多小线段。
E □ 用直线工具可以替代 SketchUp 里其他工具的一些功能。

3-7 关于直线和直线工具，请勾选正确的表述。（可多选）

A □ 直线工具除了画直线之外还有很多其他的功能。
B □ “拆分”直线段，是 SketchUp 里一种非常重要的功能。
C □ 仅有边线的立方体线框可以恢复成带面的立方体。
D □ 使用直线工具时，可以用不断输入新数值的方法逐步逼近我们想要的结果。
E □ 可以用炸开的方法处理一段直线，以获得指定数量的小短线段。

3-8 把一条直线拆分成五等分，可以获得多少个参考点。（单选）

a）5个 b）7个 c）9个 d）11个 e）13个 f）15个

□a □b □c □d □e □f

3-9 关于手绘线工具，请勾选正确的表述。（可多选）

A □ 手绘线工具跟直线工具一样，也是 SketchUp 里最常用的工具之一。
B □ 用手绘线工具绘制的曲线是一系列连续的直线段拟合而成的。
C □ 用手绘线工具绘制的曲线，即使首尾相接也不能成面。
D □ 用手绘线工具可以绘制两种不同属性的曲线。
E □ 用手绘线工具直接绘制的曲线有实体属性，可以像其他图形一样做编辑。

3-10 关于手绘线工具，请勾选正确的表述。（可多选）

A □ 没有实体属性的手绘线一旦有需要，也可经转换获得实体属性。
B □ 手绘线工具绘制的曲线通常精度不高，比较粗糙。
C □ 想要获得更为精细的手绘线，可以先画一条装饰用的手绘线，然后转换成实体手绘线。
D □ 我们可以用更改线段数量的方法提高手绘线的精细度。
E □ 手绘线工具还可以绘制没有实体属性的曲线，只能用来做装饰和辅助，不能编辑。

3-11 想要获得装饰用的手绘线，可以在画手绘线时按住什么键？请勾选。（可多选）

a）Ctrl b）Shift c）Alt d）Tab e）Ctrl+Shift

□a □b □c □d □e

3-12 关于矩形工具，请勾选正确的表述。（可多选）

A □ 矩形工具是一种单功能的工具。
B □ 绘制一个精确的矩形需要先输入矩形的长度，再输入矩形的宽度。
C □ 建模过程中绘制的大多数矩形边线都平行于红绿蓝轴线中的两条。
D □ 旋转矩形工具的用途不及矩形工具广泛。
E □ 用旋转矩形工具绘制矩形可以完全不受红绿蓝三轴的限制。

3-13 关于矩形工具，请勾选正确的表述。（可多选）

A □ 用旋转矩形工具可以在任意角度的平面上绘制矩形。
B □ 旋转矩形工具可以轻松绘制不平行于任何轴的矩形。
C □ 画一个几公里大小的矩形，可以不用“毫米”，换成以“米”为单位输入数据。
D □ 使用矩形工具时，可以用不断输入新数值的方法逐步逼近我们想要的结果。
E □ 绘制一个精确的矩形需要先输入矩形的长度，再输入矩形的宽度。

3-14 绘制矩形的时候，有时能看到虚线形式的对角线，这是提示我们什么？请勾选。（可多选）

a）所画矩形在平面上　b）正方形　c）边线平行于轴线　d）黄金分割
e）矩形宽高比 =1 ：0.618

□a □b □c □d □e

3-15 矩形工具只能在以下平面绘制矩形，请勾选。（可多选）

a）XY　b）YZ　c）XZ　d）任意方向的平面

□a □b □c □d

3-16 关于画圆工具，请勾选正确的表述。（可多选）

A □ 圆形工具是一个单功能的工具，它只能用来绘制圆形。
B □ 圆形工具上出现的红绿蓝三种圆形提示当前绘制的圆形将垂直于对应颜色的坐标轴。
C □ 绘制一个精确的圆形，需要输入圆形的直径。
D □ SketchUp 里的圆形是由若干直线段拟合而成的。
E □ 在大多数应用场合，默认的片段数精度已经足够。

3-17 关于画圆工具，请勾选正确的表述。（可多选）

A □ SketchUp 默认以 20 个直线段拟合成一个圆形。
B □ 如果想获得一个更加光滑的圆，可以用改变线段数量的方法来完成。
C □ 在大多数应用场合，默认的片段数的精度已经足够。
D □ 特殊原因下改变了默认的片段数，用过后要尽快恢复成 SketchUp 的默认值。
E □ 使用圆形工具时，可以用不断输入新数值的方法逐步逼近我们想要的结果。

3-18 关于画圆工具，请勾选正确的表述。（可多选）

A □ 如果偶尔还想画一个精度更高的圆，也是允许的。
B □ 增加圆的片段数作为放样路径或放样截面，不至于太增加模型的线面数量。
C □ 圆形工具有记忆功能，一旦改变了片段数就会一直保持这个数值。
D □ 使用圆形工具时，可以用不断输入新数值的方法逐步逼近我们想要的结果。
E □ SketchUp 没有画椭圆的工具。

3-19 关于画圆工具，请勾选正确的表述。（可多选）

A □ 除了输入数据之外，还可以用移动工具来改变圆形的大小。

B □ SketchUp 没有画椭圆的工具。

C □ 绘制圆形的方法：先单击圆心，然后工具可以朝任何方向移动得到一个圆。

D □ 绘制圆形的时候：先单击圆心，然后工具沿红绿蓝轴移动得到一个圆。

E □ 圆形工具有记忆功能，一旦改变了片段数就会一直保持这个数值。

3-20 请勾选最多可以有多少个线段拟合成一个圆形。（可多选）

a）99　b）100　c）199　d）999　e）499　f）1000

□a □b □c □d □e □f

3-21 关于多边形工具，请勾选正确的表述。（可多选）

A □ 多边形工具与矩形工具和圆形工具一样，是个单功能的工具。

B □ 多边形工具出现红绿蓝三种图形提示当前绘制的多边形将垂直于对应颜色的坐标轴。

C □ 多边形工具默认绘制六角形，但是可以在 3 ~ 999 之间改变。

D □ 绘制多边形的正规方法：单击圆心，然后工具朝任何方向移动得到一个多边形。

E □ 绘制多边形的正规方法：单击圆心，然后工具沿红绿蓝轴移动得到一个多边形。

3-22 关于多边形工具，请勾选正确的表述。（可多选）

A □ 除了输入数据之外，还可以用移动工具来改变多边形的大小。

B □ 有很多种方法改变已有的多边形的片段数或直径。

C □ 多边形工具可以代替圆形工具绘制圆形。

D □ 用多边形工具与圆形工具绘制同样边数的圆形，拉出体积后，完全一样。

E □ 多边形工具有记忆功能，一旦改变了片段数就会一直保持这个数值。

3-23 关于多边形工具，请勾选正确的表述。（可多选）

A □ 绘制多边形的正规方法：单击圆心，然后工具朝任何方向移动得到一个多边形。

B □ 绘制多边形的正规方法：单击圆心，然后工具沿红绿蓝轴移动得到一个多边形。

C □ 多边形工具有记忆功能，一旦改变了片段数就会一直保持这个数值。

D □ 使用多边形工具时，可以用不断输入新数值的方法逐步逼近我们想要的结果。

E □ 多边形工具可以代替圆形工具绘制圆形。

3-24 关于圆弧工具，请勾选正确的表述。（可多选）

A □ SketchUp 从 2015 版开始，就有了四个跟圆弧有关的工具。

B □ 圆弧工具是个单功能工具，圆弧工具只能用来绘制圆弧。

C □ 圆弧工具可以绘制与直线相切的圆弧，形成平滑的过渡。

D □ 四个圆弧工具中只有传统的两点圆弧最为常用，并且有默认的键盘快捷键。

E □ 用圆弧工具绘制圆弧，默认用 10 个直线片段拟合成一个圆弧。

3-25 关于圆弧工具，请勾选正确的表述。（可多选）

A □ 在大多数应用场合，默认的片段数、精度已经足够。
B □ 如果想获得一个更加光滑的圆，可以用改变线段数量的方法来完成。
C □ 圆弧绘制成型后就不能再改变弧的参数和尺寸。
D □ 圆弧工具有记忆功能，除非你输入新的参数。
E □ 圆弧工具具有记忆功能，在需要倒角的位置双击就可以对矩形倒圆角。

3-26 关于圆弧工具，请勾选正确的表述。（可多选）

A □ 如果想画一个正半圆，就该用画圆工具画一个圆后截取其一半。
B □ 圆弧工具可以绘制与直线相切的圆弧，形成平滑的过渡。
C □ 圆弧工具具有记忆功能，在需要倒角的位置双击就可以对矩形倒圆角。
D □ 增加圆弧的片段数获得的精致圆弧，在后续的建模过程里可能急剧增加线面数。
E □ 圆弧工具有记忆功能，除非你输入新的参数。

3-27 关于偏移工具，请勾选正确的表述。（可多选）

A □ 偏移工具的功能比较单一，如能熟练掌握，灵活应用，可加快建模的速度。
B □ 偏移工具的功能只是偏移，它可以在一个指定平面上偏移出新的平面。
C □ 偏移工具有记忆功能，在完成了一次偏移后，只要双击就可重复执行。
D □ 偏移工具比较常用，所以有自己的默认快捷键。
E □ 偏移工具只能完成粗略的偏移。

3-28 关于偏移工具，请勾选正确的表述。（可多选）

A □ 偏移工具可以完成精确的偏移。
B □ 偏移工具有记忆功能，在完成了一次偏移后，只要双击就可重复执行。
C □ 偏移工具也可以对圆弧、徒手线、组合的直线段和某些曲线做偏移。
D □ 偏移工具有自动选择偏移对象的功能。
E □ 偏移工具可以在已有单直线段的基础上，偏移出新的直线段。

4 造型工具

4-1 关于“绘图类”“造型类”和“辅助类”工具，请勾选正确的表述。（可多选）

A □ 只能绘制平面图形的工具都是“绘图类工具”。
B □ 能把二维图形改变成三维对象的工具可以称为“造型类工具”。
C □ 所有能对三维对象进行编辑的也都是造型工具。

4-2 关于“绘图类”“造型类”和“辅助类”工具，请勾选正确的表述。（可多选）

A □ “模型交错”是唯一没有工具图标的造型工具。
B □ 因为可以用来做“折叠”，所以“移动工具”也有造型的功能。
C □ 因为可以用来做“折叠”，所以“旋转工具”也有造型的功能。

4-3 勾选有绘图功能的工具。（可多选）

a）直线工具 b）徒手线工具 c）圆弧与扇形工具 d）矩形工具

e）橡皮擦工具 f）画圆工具 g）多边形工具 h）量角器工具 i）小皮尺工具

□a □b □c □d □e □f □g □h □i

4-4 勾选下列有造型功能的“工具”与“功能”。（可多选）

a）推拉 b）移动 c）旋转 d）跟随 e）缩放 f）偏移 g）模型交错

□a □b □c □d □e □f □g

4-5 推拉工具的两种用法，请勾选正确的表述。（可多选）

A □ 推拉工具可以把二维的“面”变成三维的“体”。

B □ 推拉工具有两种用法，其中一种是按住 Shift 键的推拉。

C □ 推拉工具有记忆功能。

D □ 按住 Ctrl 键操作推拉工具可以复制出一个面和它的边线。

E □ 推拉工具有智能对齐的功能。

F □ 推拉工具可以增加或减少对象的体积。

G □ 按住 Shift 键操作推拉工具可以复制出一个面和它的边线。

4-6 推拉工具的两种用法，请勾选正确的表述。（可多选）

A □ 推拉工具用来挖洞不是最佳选择。

B □ 双击推拉工具就是重复执行上一次的推拉。

C □ 按住 Ctrl 键操作推拉工具可以复制出一个面。

D □ 推拉工具会自动选择要操作的面。

4-7 关于移动工具，请勾选正确的表述。（可多选）

A □ 因为移动工具有一个“折叠”的功能，所以也可以归为造型工具。

B □ 移动工具是一个多功能的工具。

C □ 移动工具可以把对象沿圆周移动。

D □ 移动工具除了可以移动对象，还可以复制和阵列对象。

4-8 关于移动工具，请勾选正确的表述。（可多选）

A □ 移动工具有两种不同的复制阵列操作。

B □ 移动工具可以按给定距离复制出指定数量的副本。

C □ 移动工具可以在给定长度内均匀复制出指定数量的副本。

D □ 移动工具可以按指定的角度复制出一个副本。

4-9 关于路径跟随，请勾选正确的表述。（可多选）

A □ 路径跟随操作也可以简称为“放样”（传统术语）。

B □ 路径跟随工具的应用方法非常灵活多样，需要设计师充分发挥想象力。

C □ SketchUp“工具向导”上有一个路径跟随的小动画，介绍了其中一种用法。

D □ 除了小动画所示的“沿路径手动放样”之外，至少还有三四种更简便、精确的放样方法。

4–10 关于路径跟随，请勾选正确的表述。（可多选）

A □ SketchUp“工具向导”上有一个路径跟随的小动画，误导了无数初学者。
B □ 除了小动画所示的“沿路径手动放样”之外，至少还有其他五六种更简便、精确的放样方法。
C □ “预选路径自动放样”，这是一种最快捷、准确、最容易掌握的方法。
D □ 沿某平面边缘做路径跟随，选中这个面，SketchUp 会默认把这个面的所有边线当作放样路径。

4–11 关于路径跟随，请勾选正确的表述。（可多选）

A □ “旋转跟随放样”是用来做类球体、类环体的好工具。
B □ 放样截面一定要跟路径垂直，否则放样的结果将会变形。
C □ “路径跟随工具”功能强大，但还是有很大的局限性。
D □ 当放样截面非圆形，放样路径为弧或螺旋时，路径跟随的结果会扭曲变形到不堪使用。

4–12 请勾选“路径跟随”操作的必要条件。（可多选）

a）一条连续的路径　b）一条放样辅助线　c）一个精确的截面　d）一个垂直于路径的截面

□ a　□ b　□ c　□ d

4–13 关于模型交错，请勾选正确的表述。（可多选）

A □ “模型交错”是 SketchUp 的一个功能，而不是一个工具。
B □ “模型交错”没有工具图标，只有在条件符合时才会在右键菜单里允许做这个操作。
C □ “模型交错”这种造型手段，也可以叫作“布尔”或“布尔运算”。
D □ 虽然有了实体工具，但不易操作，所以模型交错还是一个高效、实用、直观的造型功能。
E □ 善用模型交错来配合建模，可创建其他方法不能完成的复杂几何体。

4–14 关于模型交错，请勾选正确的表述。（可多选）

A □ 只有把组或组件炸开才可以完成模型交错，这是它的一个缺陷。
B □ 模型交错操作时请永远单击“只对选择的对象交错”而永远不要单击“模型交错”。
C □ 单击“模型交错”选项是对这个模型所有实体做交错操作，造成的后果可能是灾难性的。
D □ 模型交错能对重叠的几何体在相交处创造出新的边线和面，因此有了新的几何体。

4–15 关于模型交错，请勾选正确的表述。（可多选）

A □ 只有看到两几何体相交处出现新的边线，才能说明模型交错是成功的。
B □ 模型交错这个功能，除了条件符合后在右键菜单里可以找到外，其他地方是找不到的。
C □ 用模型交错功能可以得到布尔运算的并集、差集、交集。
D □ 如果硬是把两个群组或组件做模型交错，只能在其中的一个上产生相交线。

4–16 关于沙盒（地形）工具，请勾选正确的表述。（可多选）

A □ 沙盒（地形）工具是 SketchUp 里的一个重要造型功能。
B □ 沙盒工具只能用来创建地形。
C □ 沙盒工具除了可以用来创建地形，还可完成其他曲面造型。
D □ 沙盒（地形）工具是以插件形式提供的默认功能。
E □ 沙盒工具只能用等高线创建地形。

4-17 关于沙盒（地形）工具，请勾选正确的表述。（可多选）

A □ 用等高线创建地形是沙盒工具唯一能做的。

B □ 沙盒工具也可以用网格创建地形。

C □ 沙盒工具有足够的手段创建非常细致的曲面。

D □ 沙盒工具只能创建三角面。

E □ 沙盒工具用于创建地形时，可以做堆方，也能做挖方。

4-18 关于 3D 文字工具，请勾选正确的表述。（可多选）

A □ 3D 文字工具是一种把文字直接生成 3D 模型的工具。

B □ 3D 文字工具不能自动识别文字放置的方向。

C □ 3D 文字工具也可以用来创建竖向排列的文字。

D □ 3D 文字工具创建的平面文字和线框文字都可以跟其他的模型合二为一。

4-19 关于 3D 文字工具，请勾选正确的表述。（可多选）

A □ 3D 文字工具既不能绘图也不能造型，所以它是一个辅助工具。

B □ 3D 文字工具是一种把文字直接生成 3D 模型的工具。

C □ 用 3D 文字工具创建的文字跟其他模型一样，可以进行后续编辑。

D □ 3D 文字工具也可以用来创建 2D 的平面或线框文字。

5 辅助工具

5-1 关于卷尺工具，请勾选正确的表述。（可多选）

A □ 卷尺工具既不能绘图也不能造型，所以它是一个辅助工具。

B □ SketchUp 没有绘制点的工具，辅助点只能用插件来创建。

C □ 创建一个图层来保存辅助线是最好的办法。

D □ 卷尺工具可以用它来调整部分或整个模型的大小。

5-2 关于卷尺工具，请勾选正确的表述。（可多选）

A □ 卷尺工具只能创建平行于红绿蓝三轴的辅助线。

B □ 卷尺工具可以测量距离，创建辅助线和辅助点，按比例或按尺寸调整模型的大小。

C □ 辅助线可以被移动、复制或旋转。

D □ 建模也可以从创建一系列辅助线和辅助点开始。

5-3 关于关于卷尺工具，请勾选正确的表述。（可多选）

A □ 卷尺工具只能从红绿蓝三轴拉出辅助线。

B □ 卷尺工具创建的辅助线可以暂时隐藏与恢复显示。

C □ 创建一个图层来保存辅助线是最好的办法。

D □ SketchUp 没有绘制点的工具，辅助点只能用插件来创建。

5-4 关于尺寸标注工具，请勾选正确的表述。（可多选）

A □ 尺寸标注工具既不能绘图也不能造型，所以它是一个辅助工具。

B □ 尺寸标注工具能用来标注线性尺寸、直径、半径和角度。

C □ 已经标注的尺寸能随着模型的更改而自动更新。

D □ 尺寸标注工具的功能是在模型中标注线性尺寸、直径和半径。

5-5 关于尺寸标注工具，请勾选正确的表述。（可多选）

A □ 把工具靠近边线，边线被选中后，单击并移动光标，就可标注这条线的尺寸。

B □ 所有尺寸标注的外观，可通过“模型信息”对话框进行设置和控制。

C □ 如果不想要显示代表半径的 R 和代表直径的 DIA 前缀，可以设置取消。

D □ 我们可以对已经标注的文字和数字做编辑修改。

E □ 尺寸标注随模型更改而更新，为我们推敲设计中的方案提供了很大的方便。

5-6 关于量角器工具，请勾选正确的表述。（可多选）

A □ 量角器工具既不能绘图也不能造型，所以它是一个辅助工具。

B □ 量角器工具是 SketchUp 多功能工具家族中的一员。

C □ 量角器工具可以用来测量角度和创建角度辅助线。

D □ 量角器工具用不同的颜色表示当前工具垂直于这个轴。

5-7 关于量角器工具，请勾选正确的表述。（可多选）

A □ 当工具呈现黑色的时候，提示你当前工具不与任何轴垂直。

B □ 用量角器工具创建角度辅助线时，可输入不同的角度值进行推敲，逐步逼近满意。

C □ 用量角器工具创建辅助线的时候，可以输入带小数的角度。

D □ 用量角器工具创建辅助线的时候，还可以输入“坡度”或者“斜率”。

5-8 关于文字工具，请勾选正确的表述。（可多选）

A □ 文字工具既不能绘图也不能造型，所以它是一个辅助工具。

B □ 文字工具只能用来标注带有引线的说明文字。

C □ “文字工具”可以用来计算和标示面积。

D □ “文字工具”可以标注组件的名称、坐标位置。

E □ “文字工具”单击一个端点，默认显示的将是这个点的坐标值。

5-9 关于文字工具，请勾选正确的表述。（可多选）

A □ 可以用“文字工具”来创建引线文字和屏幕文字。

B □ 用“文字工具”点击了一个线段，默认显示的是这个线段的长度。

C □ 用“文字工具”点击了一个平面，默认显示的就是这个平面的面积。

D □ 用“文字工具”点击一个组件，默认显示的文字将是这个组件的名称。

5-10 关于文字工具，请勾选正确的表述。（可多选）

A □ 引线文字标注，在旋转模型的时候，会始终跟我们的视线相垂直，观察起来很方便。

B □ “屏幕文字”固定在屏幕的指定位置，不能移动。

C □ 屏幕标注文字时常被用来作为模型的名称和必要的说明。

D □ 引线标注文字，几乎全部被作为对细节的描述。

5-11 关于文字工具，请勾选正确的表述。（可多选）

A □ 用“文字工具”单击站岗的小人，显示的是他（她）的名字。

B □ 标注文字、引线和箭头的形态，可以在“模型信息”对话框里进行修改。

C □ 善用文字标注，可让你的设计更容易被理解和接受。

D □ 文字工具只能用来标注带有引线的说明文字。

5-12 关于坐标轴工具，请勾选正确的表述。（可多选）

A □ 坐标轴工具既不能绘图也不能造型，所以它是一个辅助工具。

B □ 坐标轴工具的作用就是产生一个临时的“用户坐标系”。

C □ 在用户坐标系状态下，还可以把原先倾斜的面调整到跟屏幕平行（垂直）。

D □ 用户坐标系可以隐藏，隐藏以后很多人都不知道如何恢复它。

5-13 关于坐标轴工具，请勾选正确的表述。（可多选）

A □ “用户坐标系”使用完毕后可以返回到“世界坐标系”。

B □ 在一个表格里输入数据，就可以精确地移动和旋转用户坐标系。

C □ 这个工具最大的用途就是为了方便地在各种倾斜面上创建模型。

5-14 关于缩放工具（矩形加箭头的），请勾选正确的表述。（可多选）

A □ 大工具条里有两个不同功能的缩放工具，即放大镜图标的和矩形带箭头图标的。

B □ 矩形带箭头的缩放工具（下称缩放工具）可对选定的二维和三维的对象进行缩放。

C □ 缩放工具操作时，输入一个整数或小数，回车后可得到“按倍数的精确缩放”。

D □ 缩放工具操作时，输入一个带单位的数字，回车后可得到“按尺寸的精确缩放”。

5-15 关于缩放工具（矩形加箭头的），请勾选正确的表述。（可多选）

A □ 大工具条里有两个不同功能的缩放工具，即放大镜图标的和矩形带箭头图标的。

B □ 缩放工具可以对组或组件进行整体等比例的缩放。

C □ 缩放工具可以对选定的对象做单个方向的比例缩放。

D □ 可以用输入具体的尺寸的形式进行精确的缩放。

E □ 无论是缩还是放，长度和宽度间的比例保持不变的是“按比例缩放”。

5-16 关于缩放工具（矩形加箭头的），请勾选正确的表述。（可多选）

A □ 大工具条里有两个不同功能的缩放工具，即放大镜图标的和矩形带箭头图标的。

B □ 缩放工具操作时，输入一个整数或小数，回车后可得到“按倍数的精确缩放”。

C □ 缩放工具操作时，输入一个带单位的数字，回车后可得到“按尺寸的精确缩放”。

D □ 可以用反复输入不同数据的方式逐步逼近想要的形状。

E □ 缩放的时候按住 Ctrl 键是进行“中心缩放”。

5-17 关于缩放工具（矩形加箭头的），请勾选正确的表述。（可多选）

A □ 按比例缩放只要输入缩放的倍数，而精确缩放在输入尺寸数据后，还要输入尺寸的单位。

B □ 当看不到红绿蓝方向无法调用 SketchUp 的镜像功能时，可以用缩放工具来做镜像。

C □ SketchUp 没有绘制椭圆的工具，用缩放工具可以获取精确的椭圆。

D □ 缩放工具可以对任何对象指定 XYZ 轴的尺寸，做三维精确缩放。

5-18 缩放工具在使用时，被操作的对象上有多少个绿色的操作点。（可多选）

a）6 个 b）8 个 c）16 个 d）24 个 e）26 个 f）27 个

□a □b □c □d □e □f

5-19 关于旋转工具，请勾选正确的表述。（可多选）

A □ 旋转工具除了可以旋转对象还可以做复制和阵列操作。
B □ 旋转工具有“内部”和“外部”两种不同的阵列操作。
C □ 旋转工具可以按给定角度复制出指定数量的副本（外部阵列）。
D □ 旋转工具还可以对几何体做折叠操作。

5-20 关于旋转工具，请勾选正确的表述。（可多选）

A □ 旋转工具可以用来测量和标注角度。
B □ 旋转工具可以在已知角度内均匀复制出指定数量的副本（内部阵列）。
C □ 旋转工具可以按指定的长度复制出一个副本。
D □ 旋转工具既不能绘图也不能造型，所以它是一个辅助工具。

5-21 关于实体工具，请勾选正确的表述。（可多选）

A □ SketchUp 的实体工具有点像 3ds Max 里的布尔运算。
B □ 在实体工具出现以前，SketchUp 的这些功能是通过模型交错来直接或间接地实现的。
C □ 根据 SketchUp 官方网站上的定义：“实体是任何具有有限封闭体积的 3D 模型（组件或组）。”
D □ SketchUp 实体不能有任何裂缝（平面缺失或平面间存在缝隙）。

5-22 关于实体的标准和判别，请勾选下列正确的表述。（可多选）

A □ 只有在图元信息面板里能够看到体积数据的几何体才是实体，它应该是密闭的空间。
B □ 无论是在几何体外还是在几何体内，有废线没有清理干净，它就不是实体，哪怕只有 1mm。
C □ 任何破面的几何体，哪怕只破了针眼那么一点点，只要漏气，它就不是实体。
D □ 符合实体条件的几何体不一定是组或组件。

5-23 还是关于实体工具，请勾选正确的表述。（可多选）

A □ “实体”是从 SketchUp 8.0 开始引入的概念，它不同于群组和组件。
B □ 今后 SketchUp 的发展可能会建立在实体的基础之上，所以要对它有所了解和掌握。
C □ 简单地说，实体是一个不漏气的几何体，也不能有多余的线面，并且要创建成群组或组件。
D □ 对每个实体起个容易记忆、有实际意义又不重复的名字非常重要。
E □ 以“实体”为基础的建模非常美妙，但是首先要养成良好的建模习惯。

5-24 关于实体间的合并、相交、去除、修剪和拆分，请勾选下列正确的表述。（可多选）

A □ 外壳工具把重叠在一起的几个实体去除重叠部分后生成一个外壳，可以用来精简模型。
B □ 当两个实体交叠时，相交工具只保留交叠部分，其余的部分被删除。
C □ 联合工具把重叠的几何体合并在一起，保留重叠的部分。
D □ 减去工具去除的是实体一和二重叠的部分，同时删除实体一。
E □ 剪辑工具是用实体一去修剪实体二，两个实体都保留下来。
F □ 拆分工具把重叠的两个几何体拆分成两个相减后的差，以及重叠部分。

5-25 关于 3D 仓库，请勾选正确的表述。（可多选）

A □ 3D Warehouse（3D 仓库）是对 SketchUp 用户的一大福利。
B □ 3D Warehouse（3D 仓库）里有无数 skp 模型，供所有 SketchUp 玩家免费下载。
C □ 3D Warehouse（3D 仓库）主要用英文关键词搜索。
D □ 从 SketchUp 登录是到达 3D Warehouse（3D 仓库）的唯一路径。

5-26 关于 3D 仓库，请勾选正确的表述。（可多选）

A □ 3D Warehouse（3D 仓库）里的模型几乎都是粗制滥造的，没有多少价值。
B □ 可以把自己创建的模型供大家共享，但是需要先注册一个天宝用户身份。
C □ 很多知名公司把 3D Warehouse（3D 仓库）当作系列产品的展示厅。
D □ 一筹莫展时，不妨到 3D Warehouse（3D 仓库）里去找找灵感。

5-27 关于 3D 仓库，请勾选正确的表述。（可多选）

A □ 任务来不及完成时，不妨到 3D 仓库找个现成的模型交差。
B □ 3D Warehouse（3D 仓库）主要用英文关键词搜索。
C □ 除了可以从 SketchUp 登录 3D Warehouse（3D 仓库），还可以从网页浏览器登录。
D □ 只要有耐心、有方法， 3D Warehouse（3D 仓库）还是有一些高水平的模型的。

5-28 关于扩展程序库（插件库），请勾选正确的表述。（可多选）

A □ “扩展程序库”（Extention warehouse）是广大 SketchUp 用户的福利。
B □ 想要找插件，SketchUp 自带的“扩展程序库”是首选。
C □ “扩展程序库”的插件介绍和插件本身大多是英文，不懂英文只能等别人汉化。
D □ 国外的很多知名公司以提供插件的形式推销它们的产品，譬如家具、卫浴配件等。

5-29 关于扩展程序库（插件库），请勾选正确的表述。（可多选）

A □ 大多数插件都可以在“扩展程序库”里找到。
B □ “扩展程序库”里的插件，全部都是免费的。
C □ 除了可以从 SketchUp 登录“扩展程序库”外，还可以用网页浏览器登录。
D □ “扩展程序库”的插件介绍和插件本身大多是英文，不懂英文只能等别人汉化。

5-30 关于扩展程序库（插件库），请勾选正确的表述。（可多选）

A □ “扩展程序库”的插件介绍和插件本身大多是英文，不懂英文只能等别人汉化。
B □ 国外的很多知名公司以提供插件的形式推销它们的产品，譬如家具、卫浴配件等。
C □ “扩展程序库”里公布的插件并非全部，很多插件在这里是找不到的。
D □ 除了可以从 SketchUp 登录“扩展程序库”外，还可以用网页浏览器登录。

5-31 关于 BIM，请勾选正确的表述。（可多选）

A □ BIM 模型中含有建筑物的空间关系、组件数量，甚至施工顺序、价格等信息。
B □ BIM 模型内含的信息有检验考核、计算等很多现实意义。
C □ BIM 以工程项目的相关数据为模型基础，可通过仿真模拟建筑物的所有真实信息。
D □ BIM 模型，必须具有可视化、协调性、模拟性、优化性和可出图性五大特征。

5-32 关于 BIM，请勾选正确的表述。（可多选）

A □ 凡是建筑行业的设计师，每个单位、每个项目的模型都必须是 BIM（建筑信息模型）。

B □ 为了配合 BIM 的需要，SketchUp 从 2015 版开始，增加了导入 / 导出 IFC 格式的功能。

C □ 有了 IFC 导入 / 导出功能，就可在 SketchUp 和其他 BIM 应用程序之间双向交换信息。

D □ 为了得到精确的 BIM 模型，建模的人必须有良好的建模习惯并且全过程一丝不苟。

5-33 还是关于 BIM，请勾选正确的表述。（可多选）

A □ 3D Warehouse（3D 仓库）里有一个专门的区域，存放了大量适合 BIM 用的组件。

B □ 3D 仓库里适合 BIM 用的组件，都有“SketchUp Official ”（SketchUp 官方）的标示。

C □ 3D 仓库里以 SketchUp 官方名义发布的组件，都可以作为 BIM 所用。

D □ SketchUp 官方发布的组件符合 BIM 的要求和行业约定，并且添加了必要的信息和数据。

5-34 还是关于 BIM，请勾选正确的表述。（可多选）

A □ SketchUp 官方发布的 BIM 用的组件都是英制的，大多不适合在我国应用。

B □ 适合 BIM 的组件信息必须符合严格的语法和行业公认的表达检索规律。

C □ 只有组件信息符合 BIM 要求不能算是完全符合 BIM 要求，还要用“分类器”进行分类。

D □ BIM 标准 IFC 的四个层级从高到低是：应用层 - 界面层 - 核心层 - 资源层。

5-35 关于分类报告、IFC，请勾选正确的表述。（可多选）

A □ SketchUp 的分类报告能够标出 IFC 建筑和 IFC 组件，并能在导出时将其保存。

B □ 为了报告准确，模型里的组和组件要按行业规范分门别类，设置好详细的信息和技术参数。

C □ 适合 BIM 的组件信息必须符合严格的语法和行业公认的表达检索规律。

5-36 关于分类报告、IFC，请勾选正确的表述。（可多选）

A □ 为了得到准确的分类报告，可能要重建组件库，毋庸置疑，这是要花费大量时间和金钱的。

B □ 为了得到准确的分类报告，建模的人必须有良好的建模习惯并且全过程一丝不苟。

C □ SketchUp 默认的 IFC 分类是“IFC 2x3”。

D □ SketchUp 默认的 IFC 分类文件的后缀是“.skc”。

5-37 关于分类报告、IFC，请勾选正确的表述。（可多选）

A □ SketchUp 默认的“IFC 2x3.skc”里包括 25 个建筑部件的大类，200 多个小类。

B □ SketchUp 默认的“IFC 2x3.skc 文件”保存在以下路径，需要时可导入。
C:\Users\Administrator\AppData\Roaming\SketchUp\SketchUp 2019\SketchUp\Classifications

C □ BIM 标准 IFC 的四个层级从高到低是：应用层 - 界面层 - 核心层 - 资源层。

5-38 下列描述是一个完整的 IFC 分类信息吗？请勾选。

Furniture_Seating_Arts-Crafts-Dining-Chair （参考译文：家具 _ 椅子 _ 工艺 - 手工制作 - 进餐 - 椅子）

A □ 是

B □ 不是

5-39 关于 Trimble Connect（天宝连接），请勾选正确的表述。（可多选）

A □ Trimble Connect（天宝连接）是为了团队合作而新增的功能。

B □ 这是一组用来跟 Trimble Connect 的服务器打交道的工具。

C □ Trimble Connect（天宝连接）是以插件形式提供的默认功能。

D □ 没有团队合作需求的单位可以不用理会 Trimble Connect。

5-40 关于 Trimble Connect（天宝连接），请勾选正确的表述。（可多选）

A □ 项目信息和文件可以在本地以脱机方式运用，待联网时更新。

B □ 任何 SketchUp 用户都可以把 Trimble Connect 当作保存 skp 模型或者其他文件的网络硬盘来使用。

C □ Trimble Connect 的操作界面是英文，会影响中国用户的使用热情。

D □ Trimble Connect 在亚洲有服务器但速度很慢，会影响中国用户的使用热情。

5-41 关于 Trimble Connect（天宝连接），请勾选正确的表述。（可多选）

A □ Trimble Connect（天宝连接）为每一位注册者提供一个免费的模型空间。

B □ 每个免费的天宝账号可获得 10GB 的存储空间，可以创建一个项目和邀请 5 位合作者。

C □ 被邀请的合作者可共享、评论和修改照片、图纸和三维模型。

D □ 付费用户有无限的存储空间创建无限项目和更多合作者名额，每月 10 美元。

6 材质与贴图

6-1 关于材质工具，请勾选正确的表述。（可多选）

A □ SketchUp 自带包括“材质”的实时渲染系统，所以才被美誉为立体的 Photoshop。

B □ 实时渲染系统中除了各种颜色以外，还包括贴图、光影、柔化、雾化、风格、剖面等。

C □ 不能驾驭实时渲染系统，就不能充分发挥 SketchUp 的强大功能，只能算是学会了一半。

D □ 其他软件里也有形状相同的吸管工具，但 SketchUp 的吸管工具功能不完全相同。

6-2 关于材质工具，请勾选正确的表述。（可多选）

A □ 小油漆桶只是个图标，它并不能独立完成任务。

B □ 其他软件里也有形状相同的吸管工具，但 SketchUp 的吸管工具功能不完全相同。

C □ 用快捷键 Alt，可以快速在小吸管与油漆桶之间切换。

D □ 小油漆桶还要跟默认面板上的“材质面板”配合起来才能正常工作 。

6-3 SketchUp 里的小吸管工具的名称是“样本颜料”，请勾选更合适的名称。（可多选）

a）保留原状不变 b）取样工具 c）吸管工具 d）取样工具 e）颜料工具

□ a □ b □ c □ d □ e

6-4 关于材质面板，请勾选正确的表述。（可多选）

A □ 可以用材质面板统计出模型中某种材质的总面积。

B □ 我们可以一次选中模型中所有使用某种材质的表面，并批量更换。

C □ 材质面板是 SketchUp 的 12 个小面板里功能最多、最为复杂的一个。

6-5　“材质面板”是一个非常重要的管理器，使用它能够：（可多选）

a）浏览材质文件　b）调用材质文件　c）编辑修改材质文件　d）创建新的材质

e）联网搜索共享的材质文件　f）删除一个或多个材质　g）创建材质集合

h）恢复成默认材质

□a □b □c □d □e □f □g □h

6-6　关于材质文件，请勾选正确的表述。（可多选）

A □　SketchUp 的材质文件是以 .skm 为后缀的文件。

B □　.skm 后缀的文件可以在 Windows 的资源管理器预览和打开。

C □　SketchUp 正反面的颜色是默认的颜色。

D □　要注意经常把当前模型中不再使用的材质清理掉。

6-7　关于材质文件，请勾选正确的表述。（可多选）

A □　用材质面板可以浏览和调用本机或外部设备中的图片。

B □　我们可以快速显示当前模型中正在使用的和曾经使用过的所有材质。

C □　看到漂亮的模型，可以一次把它所有的材质、贴图集中起来保存。

D □　要注意经常把当前模型中不再使用的材质清理掉。

6-8　关于材质文件，请勾选正确的表述。（可多选）

A □　可以用材质面板上的“删除全部”选项来清理不再使用的垃圾材质。

B □　我们可以把模型里 skm 格式的材质转存为图片。

C □　我们可以把模型里 skm 格式的材质用外部软件（如 PS）编辑后返回 SketchUp。

D □　skm 格式的材质文件只能用 SketchUp 的材质面板浏览。

6-9　关于 SketchUp 里的色彩体系，请勾选正确的表述。（可多选）

A □　SketchUp 材质面板上的“色轮”其实就是 HSB 的变形。

B □　HSB 色彩模式最容易理解与应用。

C □　RGB 模式只能用于屏幕显示与影视业。

D □　SketchUp 可以直接导出 CMYK 色系的图像。

6-10　关于 SketchUp 里的色彩体系，请勾选正确的表述。（可多选）

A □　RGB 色系的模型，导出用于打印的图片时，SketchUp 会自动转成 CMYK。

B □　需要打开外部软件（如 PS）对图片做编辑，须提前设置好。

C □　RGB 色彩模式不宜用于打印与出版物。

D □　RGB 色彩模式的图像文件可以无损转换为 CMYK 模式。

6-11　请勾选 SketchUp 里实际使用的色彩体系。（可多选）

a）HLS（即 HSL）　b）HSB　c）RGB　d）CMYK　e）色轮

□a □b □c □d □e

6-12　还是关于材质，请勾选正确的表述。

A □　材质面板有标准名称的颜色只能直接使用，一定不要再做调整，不然就名不副实了。

B □　无论用什么方法弄到 SketchUp 里的图片，只要用小吸管攫取后就成了材质。

6-13 请勾选在 SketchUp 里创建材质的正确方法。（可多选）

a）把图片拉到工作窗口里来炸开　b）用材质面板创建材质

c）用批量创建材质的插件　d）导入一幅或一些图片炸开

□a □b □c □d

6-14 SketchUp 默认的、以英寸为单位的材质，有哪些是可以直接应用的？（可多选）

a）草地　b）卵石　c）水波纹　d）沥青　e）水泥

f）瓦片　g）木地板　h）砖头　i）石材　j）窗帘　k）金属型材

□a □b □c □d □e □f □g □h □i □j □k

6-15 关于色彩调整，请勾选正确的表述。（可多选）

A □ “色轮”是 HSB 的变形，圆周一圈是色相（H），半径是饱和度（S），右边竖条是明度（B）。

B □ 色轮的操作比 HSD 稍微直观一些，但更难做精细的操作，最好不要用。

C □ 想要调配出满意的色彩，千万不要乱来一通，要掌握点色彩基础，动手要有章法。

D □ 用 RGB 和 HLS 调整颜色需要熟练的配色经验，最好直接输入色卡上的数据。

E □ 调整一种颜色要把原始数据记下来再动手，万一弄到不可收拾时还能恢复如初。

6-16 关于色彩调整（HSB 面板），请勾选正确的表述。（可多选）

A □ 调整颜色时最好不要轻易去动色相（H），否则整个基础色调就改变了。

B □ 想要获得更鲜艳的颜色，可以调整饱和度（S）。

C □ 想要得到更加阴暗的色彩，可以调整明度（B）。

D □ 只有调整 S 和 B 都不能满意的时候，才可以考虑调整色相（H），但一定不要拉滑块。

E □ 调整一种颜色要把原始数据记下来再动手，万一弄到不可收拾时还能恢复如初。

6-17 关于贴图，请勾选正确的表述。（可多选）

A □ SketchUp 自带的贴图形式可以把一幅图片包裹在立方体的四周。

B □ SketchUp 自带的贴图形式可以把一幅图片包裹在六棱柱的四周。

C □ SketchUp 自带的贴图形式可以把一幅图片贴到一个圆锥体上做成一个冰淇淋的蛋筒部分。

D □ SketchUp 自带的贴图形式只能把一幅图片裱贴在规则的对象上。

6-18 关于贴图，请勾选正确的表述。（可多选）

A □ SketchUp 自带的贴图形式可以把一幅图片包裹在圆柱体的四周。

B □ SketchUp 自带的贴图形式可以把一幅图片裱贴在碗和盘子上。

C □ SketchUp 自带的贴图形式可以把一幅图片裱贴在不规则的对象上。

D □ SketchUp 自带的贴图形式可以把一幅世界地图贴到球体上去做成一个地球仪。

6-19 请勾选 SketchUp 自带的基本贴图方法。（不用插件，可多选）

a）非投影贴图（像素贴图）　b）投影贴图　c）UV 贴图　d）矢量贴图

e）包裹贴图　f）逐格贴图　g）坐标贴图　h）图片贴图　i）凹凸贴图

□a □b □c □d □e □f □g □h □i

6-20 用 SketchUp 自带的贴图功能做贴图，可以调整的项目有：（不用插件，可多选）

a）图片的精度　b）图片的大小　c）图片的坐标

d）图片的角度　e）图片的纵横比　f）图片的 UV 值　g）梯形与平行四边形变形

□a □b □c □d □e □f □g

7 模型管理

7-1 请勾选 SketchUp 对几何体的管理手段。（可多选）

a）组（群组） b）组件 c）管理目录 d）图元信息 e）系统设置

f）模型信息 g）图层 h）组和组件的嵌套 i）默认面板

j）场景页面 k）样式 l）管理面板 m）组件面板

□a □b □c □d □e □f □g □h □i □j □k □l □m

7-2 关于管理目录，请勾选正确的表述。（可多选）

A □ “管理目录”是 SketchUp 对几何体进行管理的重要手段。

B □ 虽然“管理目录”是重要的管理手段，但时常被用户忽略。

C □ 模型中所有的组、组件和实体都在“管理目录”中“逐条记录在案”。

D □ 模型中所有的圆、弧、线和面都在“管理目录”中“逐条记录在案”。

7-3 请勾选用“管理目录”对模型中的任一（或一批）对象能做的操作。（可多选）

a）调用模型信息 b）删除对象 c）隐藏对象 d）锁定对象 e）反选择

f）编辑组件 g）炸开对象 h）创建组件 i）创建群组 j）解除粘接

k）重新载入 l）更改轴 m）模型交错 n）翻转方向 o）柔化平滑

p）缩放对象 q）重命名 r）实体工具 s）实体外壳 t）重设变形

u）缩放定义

□a □b □c □d □e □f □g □h □i □j □k

□l □m □n □o □p □q □r □s □t □u

7-4 我们可以用“图元信息”面板对已选中的对象做以下操作。（可多选）

a）定义价格 b）标注尺寸信息 c）标注 URL（网址） d）标注对象照片

e）标注当前状态信息 f）标注所有者 g）标注 IFC 分类

□a □b □c □d □e □f □g

7-5 我们可以用“图元信息”面板查阅已选中对象的下列信息。（可多选）

a）线段的长度 b）弧的片段数 c）弧的长度 d）圆的半径 e）圆的直径

f）圆面积 g）多边形的线段 h）多边形的直径 i）对象所在的图层

j）更改对象所在的图层 k）对象的名称 l）更改对象的名称

m）定义对象的类型 n）对象的体积 o）对象的面积

□a □b □c □d □e □f □g □h □i □j □k □l □m □n □o

7-6 我们可以用“图元信息”面板对已选中的对象做下列操作。（可多选）

a）隐藏与恢复显示 b）锁定与解除锁定 c）显示透明或不透明

d）接受或不接受阴影 e）投射或不投射阴影

□a □b □c □d □e

7-7 关于“组”与“组件”，请勾选正确的表述。（可多选）

A □ “组”与“组件”，二者都是双击后进入内部做编辑，所以二者的作用都差不多。

B □ 相同组件之间有关联性。

C □ 组件可以嵌套，组也可以嵌套。

7-8 关于“组”与“组件”，请勾选正确的表述。（可多选）

A □ “组”可以变成“组件”。

B □ 模型中重复使用相同的组，会增加模型的线面数量，增加模型文件的体积。

C □ 组与组之间有关联性。

7-9 关于“组”与“组件”，请勾选正确的表述。（可多选）

A □ 利用组件间的关联特性可以简化建模过程。

B □ 模型中重复使用相同的组件，会增加模型的线面数量，增加模型文件的体积。

C □ “组”与“组件”都是为了隔离几何体、方便建模，所以它们的性质差不多。

7-10 关于“组”与“组件”，请勾选正确的表述。（可多选）

A □ 嵌套的“组”或“组件”看起来都差不多。

B □ 所谓嵌套，就是把许多组或组件打包成一个整体，方便管理。

C □ 所谓嵌套，就是一个组或组件里还包含有一个或多个组。

D □ 一个嵌套的组或组件里还包含有一层或多层，每层有一个或多个组。

7-11 关于“组”与“组件”，请勾选正确的表述。（可多选）

A □ 为了编辑嵌套的组或组件，要先把它们炸开。

B □ “组”和“组件”的嵌套最好不要超过三层。

C □ 嵌套的组或组件就像俄罗斯套娃，一个肚子里还有另一个。

D □ 一个嵌套的组或组件里还包含有一层或多层，每层有一个或多个组。

7-12 关于创建“组”或“组件”，请勾选正确的表述。（可多选）

A □ 建模时，最好在绘制出第一个面以后就对其创建群组，再进入群组内继续操作。

B □ 一个严谨的模型，删除（隐藏）所有的组、组件和图片后，工作窗口里是空白的。

C □ 因为 SketchUp 模型里不会有重复的线，所以把下图右边的正方形创建群组后，再对左边的正方形创建的群组里会少一条共用的边线。

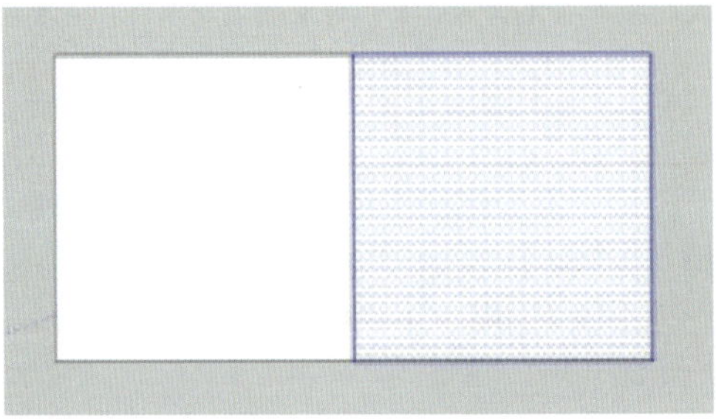

7-13 关于创建“组”或“组件”，请勾选正确表述。（可多选）

A □ 创建组或群组时要看清楚，不要把不相关的线面也弄到当前的组或组件里去。
B □ 一个立方体有 6 个面 12 条边线，少几条边线少几个面也可以创建组或组件。
C □ 我们可以把一个立方体的部分或所有面（不包含边线）创建组或组件。
D □ 我们不能把一个立方体的部分或所有边线创建成群组或组件。

7-14 关于导入导出，请勾选正确的表述。（可多选）

A □ SketchUp 必须依靠导入和导出功能才能跟其他设计软件进行文件交换。
B □ 在 SketchUp 里可以打开 skp 文件，也可以导入 skp 文件。
C □ SketchUp 的备份文件格式是 skb，可以直接用 SketchUp 打开。
D □ dwg 格式是 AutoCAD 的文件格式，导入不够严谨的 dwg 文件可能产生很多问题。

7-15 关于导入导出，请勾选正确的表述。（可多选）

A □ dxf 文件并不是 AutoCAD 独有的格式，很多软件也可以接受 dxf 文件。
B □ 3DS 格式的文件是 3ds Max 的衍生文件格式，它还可以与其他一些三维建模软件兼容。
C □ 导入 3DS 格式的文件有线面数量多、文件尺寸大的毛病。
D □ 导入外部文件时，dwg 和 dxf 文件产生的伤脑筋问题最多，也最难对付。

7-16 还是关于导入导出，请勾选正确的表述。（可多选）

A □ SketchUp 导入 dem 文件多半是为了创建真实的地形，计算土方量。
B □ DEM 数据可以到当地规划部门去索取，也可以到中科院地理空间数据云获取。
C □ IFC 文件是建筑信息模型（BIM）的分类信息文件。

7-17 还是关于导入导出，请勾选正确的表述。（可多选）

A □ kmz 格式是 Google 地球的专用文件格式。
B □ 往 SketchUp 里导入任何一种格式的文件，都要在“选项”做好必要的设置。
C □ 某些图片文件和 skp 模型，可以直接拖曳到工作窗口打开，也可以用复制粘贴打开。
D □ 导入太大的图像，SketchUp 会自动降低其分辨率。

7-18 导入大图像而不严重影响 SketchUp 运行的最好办法是：（单选）

a）缩减图像尺寸　b）勾选“消除锯齿纹理”
c）勾选使用最大纹理尺寸　d）分割图像后分别导入

□ a　□ b　□ c　□ d

7-19 关于导入导出，请勾选正确的表述。（可多选）

A □ SketchUp 可以把模型导出成二维的位图和二维的矢量图，还有三维模型。
B □ 导出 3ds 格式的文件是为了在 3ds Max 做后续加工或渲染。
C □ 导出 dwg 格式的文件是为了在 AutoCAD 做后续加工。
D □ 导出 ifc 格式的文件是为了 BIM 的需要。

7-20 还是关于导入导出，请勾选正确的表述。（可多选）

A □ SketchUp 应用中不大会导出 kmz 格式。

B □ SketchUp 也可以导出 OBJ 格式的文件，以便在其他软件里做后续处理。

C □ VRML 是一种网络三维技术文件，需要安装专用的浏览器才能运行看到。

D □ 无论导出什么格式的三维模型文件，都要在“选项”进行必要的设置。

7-21 我们为什么要使用 SketchUp 的导入 / 导出功能？（可多选）

a）与他人共同完成模型 b）用其他软件做后续加工 c）渲染 d）出施工图

□ a □ b □ c □ d

7-22 关于导入导出，请勾选正确的表述。（可多选）

A □ jpg 是一种在图像品质和文件体积二者间平衡得较好的格式。

B □ epx 格式是俗称“彩绘大师”或“空间彩绘专家”的 Piranesi 软件生成的文件格式。

C □ dwg 和 dxf 等矢量图形不支持如阴影、雾化、透明度和纹理等。

D □ 截面图只有截开部分的投影，不包括未截到的部分。

7-23 关于导入导出，请勾选正确的表述。（可多选）

A □ pdf 格式是全世界印刷行业通用的电子印刷品文件格式。

B □ EPS 文件是目前桌面印刷系统普遍使用的通用交换格式。

C □ SketchUp 还可以导出“剖面图”和“截面图”。

D □ 使用导出“动画”菜单项可导出预渲染的动画文件。

7-24 关于导入导出，请勾选正确的表述。（可多选）

A □ png 格式的图片，保留了透明通道，在后续应用中可以免除“褪底”的繁重劳动。

B □ 导出矢量图之前，除了要选择好合适的视图方向外，还要选择平行投影。

C □ 剖面图的特征是，包含了截开后所有看得见的对象，包括截面。

D □ dwg 和 dxf 等矢量图形不支持如阴影、雾化、透明度和纹理等。

7-25 SketchUp 的图层功能跟 AutoCAD、Photoshop 的图层功能相同吗？（可多选）

a）相差不多 b）完全相同 c）完全不同

□ a □ b □ c

7-26 关于图层与图层管理器，请勾选正确的表述。（可多选）

A □ SketchUp 的图层，仅仅是一种对几何体的管理技术，是为方便建模而设置的。

B □ SketchUp 的图层，最大的用途是可以隐藏部分图层。

C □ 只要不是在同一图层的几何体，它们就失去了关联。

7-27 关于图层与图层管理器，请勾选正确的表述。（可多选）

A □ 如果需要把模型的不同部分隔离开来，只能使用群组或组件。

B □ “图层管理器”是 SketchUp 的重要管理工具。

C □ 在 SketchUp 里，如果不分图层就不能创建复杂的模型。

7-28 关于图层与图层管理器，请勾选正确的表述。（可多选）

A □ SketchUp 里不用图层也可以完成建模，但是会比较麻烦。

B □ 用“图层管理器”浏览任何模型都可以看到其中的图层。

C □ layer0 层是所有模型都有的默认图层，是不能删除和隐藏的。

7-29 关于图层与图层管理器，请勾选正确的表述。（可多选）

A □ “图层管理器”里，凡是右边有一个小铅笔的就是当前图层。

B □ 按理每次操作都应该在当前图层里，但很多用户根本不理会此约定。

C □ 在图层名称的左边有个小眼睛图标，可以单击它来隐藏碍事的图层。

D □ 我们可以一次隐藏除默认图层外的所有图层。

7-30 关于图层与图层管理器，请勾选正确的表述。（可多选）

A □ 我们可以随意增加和删除图层，可以重新命名图层。

B □ 删除图层的时候，可以把被删图层的对象移动到指定图层或默认图层。

C □ 把对象归类或移动到对应图层是经常要做的重要操作。

D □ 图层工具经常跟“图元信息”对话框配合使用。

7-31 关于图层与图层管理器，请勾选正确的表述。（可多选）

A □ 添加一个图层， SketchUp 就会自动给出一个不同的图层颜色。

B □ SketchUp 给出的图层识别色，需要的时候可以改变。

C □ 图层的颜色对于后续需要渲染的模型特别重要。

D □ 可以为重要的底图创建单独的图层，按建模的需要打开或关闭。

7-32 关于图层与图层管理器，请勾选正确的表述。（可多选）

A □ 隐藏暂时不用的图层，以加快 SketchUp 的运行速度。

B □ 可以关闭某些图层，以避开遮挡的实体。

C □ 可以用图层形式来区分不同材质的表面。

D □ 可以把底图或重要的参考点和参考线放在一个专用的图层里。

7-33 关于图层与图层管理器，请勾选正确的表述。（可多选）

A □ 如果面和它的边线分别位于不同的图层，可能会造成不可预料的麻烦。

B □ 要养成用群组和组件来管理对象，然后再用图层来管理群组和组件的好习惯。

C □ 当导入 CAD 等文件或使用网络下载的组件及模型时，会带入大量图层。

D □ 必须养成及时删除、合并图层、清理空图层的好习惯。

7-34 关于图层与图层管理器，请勾选正确的表述。（可多选）

A □ SketchUp 中的图层功能，还可以用于跟其他软件交换数据。

B □ 要养成用群组和组件来管理对象，然后再用图层来管理群组和组件的好习惯。

C □ 导入 dwg 文件前做好删除、合并图层的工作可避免后续的大量麻烦。

D □ 添加一个图层，SketchUp 就会自动给出一个不同的图层颜色。

8 LayOut

8-1 根据 LayOut 的官方定位，请勾选正确的表述。（可多选）

A □ LayOut 最善于做的事情是“传达设计理念的演示”。

B □ LayOut 的特长是创建“演示看板”“小型手册”和“幻灯片”。

C □ LayOut 非渲染工具也不能当作 2D 的 CAD 来用，官方未把 LayOut 定义为“施工图工具”。

8-2 根据 LayOut 的官方定位，请勾选正确的表述。（可多选）

A □ 复杂的 SketchUp 模型插入到 LayOut 里可能会有问题。

B □ 档次不够高的电脑，插入 SketchUp 模型后的表现也可能会不尽如人意。

C □ 官方未把 LayOut 定义为“施工图工具”，用 LayOut 制作施工图是“一些用户开始的尝试”。

8-3 关于 LayOut 的模板，请勾选正确的表述。（可多选）

A □ 一个完整合格的模板是符合国家制图标准的，带有公司 Logo 等不变信息的 LayOut 文件。

B □ LayOut 2019 中文版默认模板已取消以往版本中美国标准的模板。

C □ LayOut 2019 默认模板只有 A3、A4 两种幅面，官方未提供 A3 以上的大幅面模板。

8-4 关于 LayOut 与 skp 模型的关联，请勾选正确的表述。（可多选）

A □ 用“发送到 LayOut”建立的关联，SketchUp 所做的修改保存后，必须在 LayOut 里手动更新。

B □ 用 LayOut 侧“插入”方式建立的关联，SketchUp 模型更改后，LayOut 一端能自动更新。

8-5 关于制图文字，请勾选正确的表述。（可多选）

A □ 国标制图文字规格以高度 mm 计；但 LayOut 代表字体大小的单位是 pt，需换算。

B □ pt 是打印和印刷时用的单位，通常不读 pt，可以读成“磅”“Point”或者“点”。

C □ 1pt（磅）等于 1/72 英寸，也就是等于 0.3527mm，这是一个很重要数字。

8-6 关于 LayOut 对图纸的命名，请勾选正确的表述。（可多选）

A □ 工程图纸命名应根据不同的工程、专业和类型进行命名，并且要符合标准规定。

B □ 制图标准规定工程图纸按平面、立面、剖面、大样、详图、清单、简图的顺序编排。

C □ 同一工程中应使用统一的图纸命名规则。

8-7 关于 LayOut 的视图，请勾选正确的表述。（可多选）

A □ 制作正视顶视图、前后左右视图都必须切换到并行投影，也称为正交投影。

B □ skp 模型在 LayOut 中用来做施工图时，必须切换到正交投影状态。

C □ 以透视状态的视图代替平行投影的平立面图制作施工图符合标准与规范。

8-8 关于 LayOut 的材质，请勾选正确的表述。（可多选）

A □ LayOut 自带的部分填充图案在不至于造成歧义的前提下，可作为辅助图案之用。

B □ LayOut 自带的填充图案里，“材质符号”不符合我国制图标准，不能用。

C □ 用带有材质或贴图的模型制作施工图（彩色的施工图）符合标准与规范。

8-9 请勾选下列正确的表述。（可多选）

A □ 工程设计施工过程中，传统的二维图纸目前仍然是传递设计信息的主要方式。

B □ LayOut 可以作为依据制图标准来绘制二维图纸的工具。

C □ 学习像 LayOut 这样的软件时，尤其不能脱离“行业知识库”与“规矩规范”。

8-10 关于 LayOut 的文件、场景与页面，请勾选正确的表述。（可多选）

A □ LayOut 的页面的概念与用法跟 SketchUp 完全不同。

B □ LayOut 中的一个“标签”不再是一个“页面”，它相当于一个 LayOut 文件。

C □ 一个 LayOut 文件的不同场景，要在“页面”对话框里设定与调用。

8-11 在 LayOut 文件里添加文本有下列几种方式，请勾选正确的表述。（可多选）

a）键盘输入　b）外部导入　c）自动获取　d）SketchUp 模型带入

□ a　□ b　□ c　□ d

8-12 请勾选正确的表述。（可多选）

A □ 用键盘输入的方式往 LayOut 文件添加文本，可分为“无边界文本”和“有边界文本”。

B □ 无边界文本只能做简略标注，有边界文本可把文字约束在矩形框范围内，文字数量不限。

C □ 输入“有边界文本”超出边界范围时，会出现一个红色的箭头提示。

8-13 请确认以下表述是否正确：

A □ 允许插入 LayOut 的外部文本格式只有两种，txt 和 rtf。

B □ txt 文件就是 Windows 记事本产生的文件。

C □ rtf 由我们常用的 Office 里的字处理工具 Word 或国产文字处理工具 WPS 等生成。

8-14 请勾选正确的表述。（可多选）

A □ LayOut 导入一个 rtf 文件，一旦 rtf 文件发生改变，LayOut 里的内容会同步更新。

B □ 文字处理并非 LayOut 的强项，复杂大量的文字编辑最好还是回到专业的文字处理工具去做。

C □ 我们要提前在系统设置里指定用什么软件在外部对文字做编辑处理。

8-15 关于制图文字，请勾选正确的表述。（可多选）

A □ 制图文字的要求应符合现行国家标准《技术制图 字体》的规定。

B □ 《技术制图 字体》中，对于文字大小的规定：汉字的高度有 6 种，字母和数字有 7 种。

C □ 工程图纸上的每种元素（包括字体）都是受国家标准或行业规范约束的，不能任意发挥。

9 建模技巧

9-1 打开 SketchUp 后要做的第一件事情，请勾选正确的操作。（单选）

A □ 打开窗口菜单的“模型信息”，对尺寸、单位、文字等做必要的设置。
B □ 检查窗口菜单里的“系统设置”，对保存间隔、模板等项目检查设置。
C □ 起个文件名，保存成一个新文件。
D □ 选择一个默认模板，稍作修改后开始建模。
E □ 删除建模窗口里那个站岗的小人，免得碍手碍脚。

9-2 建模过程中遇到困难，很难继续甚至要推倒重来，最可能是什么原因造成的?（可多选）

A □ 原始资料不全（图样尺寸等）。
B □ 缺少某种插件组件或材质。
C □ 碰到了动手前没有预想到的困难。
D □ 原始资料有错误（图样尺寸等）。

9-3 建模过程中遇到困难，很难继续甚至要推倒重来，最可能是什么原因造成的?（可多选）

A □ 缺少某种插件组件或材质。
B □ 原始资料有错误（图样尺寸等）。
C □ 建模初期不够严谨，留下太多废线、废面很难清理。
D □ 建模初期没有及时编组，大量几何体粘在了一起。

9-4 遇到下面图片所示的模型被裁切时，请勾选最可能造成这种情况的原因。（可多选）

A □ 不小心删除了模型的一部分。
B □ 模型中可能有细小的垃圾并且离坐标原点较远。
C □ 电脑的操作系统或者 SketchUp 软件出了问题。
D □ 模型离坐标原点太远。
E □ 导入了不严谨的 dwg 文件。
F □

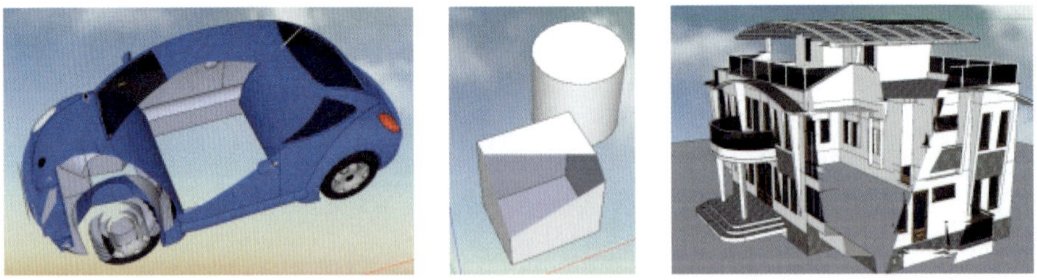

9-5 遇到如上页图片所示模型被裁切时，请勾选可能的解决方法。（可多选）

A □ 重新启动电脑或重新启动 SketchUp。
B □ 清理模型中的细小垃圾。
C □ 删除一部分后重新建模。
D □ 把模型移动到坐标原点附近。
E □ 复制到另外一个 SketchUp 窗口里去。

9-6 想要提高建模的效率（速度），请勾选如下需要注意的地方。（可多选）

A □ 磨刀不误砍柴工，动手前要预想建模的顺序和可能遇到的困难。
B □ 尽可能提前准备好所需的材质、组件、插件。
C □ 凡是重要的参考点、参考线、圆心、旋转轴等要锁定、隐藏或另设置一图层。
D □ 以上都不重要，关键在于对 SketchUp 工具与插件的熟练程度。

9-7 如何快速找到丢失的 skp 模型，请勾选正确的表述。（可多选）

A □ 在 Windows 的资源管理器里搜索“*.skp”。
B □ 在 Windows 的资源管理器里搜索“*.skb”。
C □ 在 Windows 的资源管理器里搜索“文件名 .skb”。
D □ 在 Windows 的资源管理器里搜索“文件名 .skp”。

9-8 关于模型里的垃圾与清理，请勾选正确的表述。（可多选）

A □ SketchUp 模型里的垃圾包括不再有用的边线与面。
B □ SketchUp 模型里的垃圾包括不再有用的组件与材质。
C □ SketchUp 模型里的垃圾包括隐藏的辅助线和参考点。
D □ SketchUp 模型里的垃圾包括不再有用的样式（风格）。
E □ SketchUp 模型里的垃圾包括不再有用的图层。
F □ 快速清理上述垃圾的办法是借助于清理垃圾的插件。

9-9 关于对模型中几何体的管理，请勾选正确的表述。（可多选）

A □ 管理得好的模型，删除或隐藏所有组（群组）和组件后，SketchUp 建模窗口中是空白的。
B □ 管理得好的模型，隐藏所有图层后，SketchUp 建模窗口里是空白的。
C □ 管理得好的模型，每个组或组件都有唯一的、有实际意义的名称。
D □ 管理得好的模型，每个图层都有唯一的、有实际意义的名称。

9-10 要把模型导出成带有透明通道的 PNG 图像，请勾选下列正确的表述。（可多选）

A □ 在样式面板中取消天空。
B □ 导出时指定导出透明背景。
C □ 使用透明的背景。

9-11 请勾选符合“多快好省”原则的建模技巧。（可多选）

A □ 用图片代替部分不重要的复杂模型。
B □ 以图片为基础建模。
C □ 避免跟有问题的 dwg 文件纠缠。

9-12 请勾选导入 dwg 文件前必须做的准备工作。（可多选）

A □ 删除重复的线段。
B □ 删除所有与建模无关的图块和对象。
C □ 删除所有文字、标注、辅助线。
D □ 只保留建模必需的图层，删除多余的图层。
E □ 把所有线形改成默认的。
F □ 显示隐藏的内容，删除没有用的对象。

9-13 请勾选导入 dwg 文件后最可能出现的麻烦。（可多选）

A □ 很多被炸开的图块，可能会留下一些短线头，很难清理干净。
B □ dwg 文件里的线条，往往不在同一个平面，即使 Z 轴归零，但总有些线条不听话。
C □ dwg 文件中看起来闭合的线段，到了 SketchUp 里发现毛病，非常麻烦。
D □ 导入的线条难以成面，即便用插件也无法成面。
E □ 明明是图层 A，却有本该放在 B、C、D 等其他图层的东西。

题 库 答 案

说明：凡有“ALL”字样的，该题应全部勾选（即无错）。

1　学前自测

1-1	1-2	1-3	1-4	1-5	1-6	1-7	1-8	1-9	1-10
A B √ C √ D √ E √	A √ B C √ D E √	A √ B C √ D √	A B √ C √ D √	A B √ C √ D √	a √ f √ b √ g √ c h d √ i √ e √ j	ALL	A B √ C D	A √ B √ C √ D	A B C √ D E √
1-11	**1-12**	**1-13**	**1-14**	**1-15**	**1-16**	**1-17**	**1-18**	**1-19**	**1-20**
A B √ C D E	A √ B √ C √ D	A √ B C √ D √	A √ B C √ D √ E √	A √ B C √ D √	A √ B √ C √ D E √	A √ B C √ D √ E √	A √ B √ C √ D	A √ B √ C D E √	A √ B C √ D √ E
1-21	**1-22**	**1-23**	**1-24**	**1-25**	**1-26**	**1-27**	**1-28**	**1-29**	**1-30**
A B √ C √ D √	a f b c d e √	a f b c d e √	A B C √ D √	A √ B C √ D √	A B √ C √ D √	A √ B √ C √ D E √	A √ B C √ D √ E √	A B √ C D √ E	A √ B √ C D √ E √
1-31	**1-32**	**1-33**	**1-34**	**1-35**	**1-36**	**1-37**	**1-38**	**1-39**	**1-40**
A B √ C √ D √	A √ B √ C √ D E √	a √ h √ b √ i c √ j d √ k e √ l f m g √	A √ B C √ D √	A √ B √ C D √ E √	A √ B C √ D √ E √	A √ B √ C D √ E √	A √ B √ C D √ E √	A B √ C √ D √ E	A √ B √ C √ D √ E

1-41 A√ B√ C√ D	1-42 A√ B√ C D√	1-43 A√ B√ C√ D	1-44 A√ B C√ D√ E	1-45 A√ B√ C D√	1-46 A√ B√ C√ D	1-47 A√ F√ B√ C D√ E√	1-48 A B√ C√ D E√	1-49 A F√ B√ C√ D√ E√	1-50 A√ B√ C√ D√ E
1-51 该题 取消	1-52 A√ F√ B√ G C√ D√ E√	1-53 除 n 外 都应勾 选	1-54 ALL	1-55 除 cjp qsr 外 都应该 勾选	1-56 ALL	1-57 A√ B√ C D√	1-58 A B√ C√ D√	1-59 A√ B√ C√ D	1-60 A√ B C√ D√
1-61 A√ B√ C√ D	1-62 A√ B√ C D√	1-63 A B√ C√ D√	1-64 ALL	1-65 A√ B C√ D E√	1-66 A√ B√ C D√	1-67 A√ B√ C D√	1-68 ALL	1-69 A√ B√ C√ D	1-70 A√ B C√ D√
1-71 ALL									

2 重要设置

2-1 A√ B√ C√ D	2-2 A√ B C√ D√	2-3 A√ B√ C D√	2-4 A√ B C√ D	2-5 A B√ C√ D	2-6 A√ B C√ D√	2-7 A B√ C√ D√	2-8 a b c d√	2-9 A B C D√	2-10 A B√ C D
2-11 A B√ C√ D	2-12 A B√ C√ D								

3 绘图工具

3-1 A √ B √ C √ D	3-2 ALL	3-3 A √ B √ C	3-4 a b c d √ e	3-5 A √ B √ C D √ E √	3-6 A √ B √ C √ D E √	3-7 A √ B √ C √ D √ E	3-8 a f b c d √ e	3-9 A B √ C D √ E √	3-10 A √ B √ C √ D E √
3-11 a b √ c d e	3-12 A √ B C √ D √ E	3-13 A √ B C √ D √ E	3-14 a b √ c d √ e √	3-15 a √ b √ c √ d	3-16 A √ B √ C D √ E √	3-17 A B √ C √ D √ E √	3-18 A √ B C √ D √ E √	3-19 A √ B √ C D √ E √	3-20 a f b c d √ e
3-21 A √ B √ C √ D E √	3-22 A √ B √ C √ D E √	3-23 A B √ C √ D √ E √	3-24 A √ B √ C √ D √ E	3-25 A √ B √ C D √ E √	3-26 A B √ C √ D √ E √	3-27 A √ B √ C √ D √ E	3-28 A √ B √ C √ D √ E		

4 造型工具

4-1 A √ B √ C	4-2 A √ B √ C √	4-3 a √ f √ b √ g √ c √ h d √ i e	4-4 a √ f b √ g √ c √ d √ e √	4-5 A √ F √ B G C √ D √ E √	4-6 A B √ C √ D √	4-7 A √ B √ C D √	4-8 A √ B √ C √ D	4-9 ALL	4-10 ALL
4-11 ALL	4-12 a √ b c d √	4-13 ALL	4-14 ALL	4-15 A √ B C √ D √	4-16 A √ B C √ D √ E	4-17 A B √ C √ D E √	4-18 A √ B C √ D √	4-19 A B √ C √ D √	

5 辅助工具

5-1	5-2	5-3	5-4	5-5	5-6	5-7	5-8	5-9	5-10
A √ B C √ D √	A B √ C √ D √	A B √ C √ D	A √ B C √ D √	ALL	ALL	ALL	A √ B C √ D √ E √	ALL	A √ B C √ D √
5-11	**5-12**	**5-13**	**5-14**	**5-15**	**5-16**	**5-17**	**5-18**	**5-19**	**5-20**
A √ B √ C √ D	ALL	ALL	ALL	ALL	ALL	ALL	a e √ b f c d	ALL	A B √ C D √
5-21	**5-22**	**5-23**	**5-24**	**5-25**	**5-26**	**5-27**	**5-28**	**5-29**	**5-30**
ALL	A √ B √ C √ D	ALL	ALL	A √ B √ C √ D	A B √ C √ D √	A B √ C √ D √	ALL	A √ B C √ D √	ALL
5-31	**5-32**	**5-33**	**5-34**	**5-35**	**5-36**	**5-37**	**5-38**	**5-39**	**5-40**
ALL	A B √ C √ D √	ALL	ALL	ALL	ALL	ALL	A √ B	ALL	ALL
5-41									
ALL									

6 材质与贴图

6-1	6-2	6-3	6-4	6-5	6-6	6-7	6-8	6-9	6-10
ALL	ALL	a b √ c √ d √ e	ALL	a √ f √ b √ g √ c √ h √ d √ e	A √ B C √ D √	A B √ C √ D √	A B √ C √ D √	A √ B √ C √ D	A B √ C √ D

6-11	6-12	6-13	6-14	6-15	6-16	6-17	6-18	6-19	6-20
a√ b√ c√ d e	A√ B	ALL	a√ f b√ c√ d√ e√	ALL	ALL	A√ B√ C D	A√ B√ C√ D	a√ f√ b√ g√ c h√ d i e√	a f b√ g√ c√ d√ e√

7 模型管理

7-1	7-2	7-3	7-4	7-5	7-6	7-7	7-8	7-9	7-10
a√ h b√ i c√ j d√ k e l f m√ g√	A√ B√ C√ D	ALL	a√ f√ b√ g√ c√ d e√	除eh外， 应全部 勾选	a√ b√ c d√ e√	A B√ C√	A√ B√ C	A√ B√ C	A√ B C D√
7-11	7-12	7-13	7-14	7-15	7-16	7-17	7-18	7-19	7-20
A B√ C D√	A√ B√ C	A√ B√ C√ D	A√ B√ C D√	ALL	ALL	ALL	a b c d√	ALL	ALL
7-21	7-22	7-23	7-24	7-25	7-26	7-27	7-28	7-29	7-30
a b√ c√ d√	ALL	ALL	ALL	a b c√	A√ B√ C	A√ B√ C	A√ B C√	ALL	ALL
7-31	7-32	7-33	7-34						
ALL	ALL	ALL	ALL						

8 LayOut

8-1 ALL	8-2 ALL	8-3 ALL	8-4 ALL	8-5 ALL	8-6 ALL	8-7 A √ B √ C	8-8 A √ B √ C	8-9 ALL	8-10 ALL
8-11 a √ b √ c √ d	8-12 ALL	8-13 ALL	8-14 ALL	8-15 ALL					

9 建模技巧

9-1 A B C √ D E	9-2 A √ B C √ D √	9-3 A B √ C √ D √	9-4 A B √ C D √ E √ F √	9-5 A B √ C D √ E √	9-6 A √ B √ C √ D	9-7 A B √ C √ D √	9-8 A √ F √ B √ C D √ E √	9-9 ALL	9-10 A √ B √ C
9-11 ALL	9-12 ALL	9-13 ALL							

错 题 释 疑

以下内容对题库中不该勾选的“错题”给出正面释疑，以便学员知道这些题目错在什么地方，从而增强印象，加深理解。

1　学前自测

题号 错题号	错 题 释 疑
1-1	关于 SketchUp 版本与安装问题，请勾选下列正确的表述。（可多选）
A □	C 分区（C 盘）重新安装系统要格式化，所以不要把 SketchUp 安装在 C 盘。
1-2	关于 SketchUp 版本与安装问题，请勾选下列正确的表述。（可多选）
B □ D □	旧版本的 SketchUp 不能打开新版 SketchUp 创建的 skp 文件。 把新创建的模型放在桌面上，可能造成损失。
1-3	关于计算机与操作系统方面的问题，请勾选正确的表述。（可多选）
B □	SketchUp 只用多核 CPU 中的一个核。
1-4	关于计算机与操作系统方面的问题，请勾选正确的表述。（可多选）
A □	建模操作时，鼠标和鼠标垫直接影响建模速度。
1-5	关于计算机与操作系统方面的问题，请勾选正确的表述。（可多选）
A □	电脑显卡无论是 nVIDIA，还是 AMD 或集成显卡，都可以安装 SketchUp，但最好用 nVIDIA 显卡。
1-6	玩游戏非常顺畅的电脑，用 SketchUp 建模却卡顿，主要是因为以下原因。（可多选） 建模流畅要有强悍的 CPU（单核钟频高），16GB 以上的内存，中档以上的 nVIDIA 独立显卡，注意控制模型的线面数量。 □ c　□ h　□ j
1-7	请勾选下列正确的表述。（可多选） 此题无错
1-8	关于 SketchUp 工作窗口里的红绿蓝三条线，请勾选正确的表述。
A □ C □ D □	它们是坐标轴。（对） 红绿蓝三轴分别指向 XYZ 方向，实线为正，虚线为负。 三轴交汇点是坐标原点。

1-9	关于 SketchUp 工作窗口里的红绿蓝三条线，请勾选正确的表述。（可多选）
D □	模型要建在红绿蓝三条实线所在的区域，并尽量靠近坐标原点。
1-10	SketchUp 里除了 XYZ 三轴，还有东南西北和地面上、地面下的概念，请勾选正确的回答。（可多选）
A □	因为 SketchUp 里有日照光影，所以才有东南西北的概念
B □	
D □	
1-11	SketchUp 里除了 XYZ 三轴，还有东南西北和地面上、地面下的概念，请勾选正确的回答。
A □	因为 SketchUp 可以用来做日照研究，所以要有东南西北的概念
C □	
D □	
E □	
1-12	关于“推断参考”，请勾选正确的表述。（可多选）
D □	绘制和编辑图形时，工具图标后面常见的彩色线条就是一种“推断参考”，各种彩色的圆点、方点也是“推断参考”信息
1-13	关于“推断参考”，请勾选正确的表述。（可多选）
B □	利用“推断参考”信息不能直接获得几何体的尺寸
1-14	关于“推断参考”，请勾选正确的表述。（可多选）
B □	利用“推断参考”信息不能直接获得几何体的角度值
1-15	关于 SketchUp 中的几何体，请勾选正确的表述。（可多选）
B □	SketchUp 是以线为基础的，删除面的一小段边线，这个面就被破坏。
1-16	关于 SketchUp 中的几何体，请勾选正确的表述。（可多选）
D □	SketchUp 里的几何体是以线为基础的，删除面线还在，删除任一边线，面被破坏。
1-17	关于 SketchUp 中的几何体，请勾选正确的表述。（可多选）
B □	在同一位置画线，SketchUp 不会产生重叠的线。
1-18	关于 SketchUp 坐标系统，请勾选正确的表述。（可多选）
D □	用于隔离数据的逗号，只有英文的才可以。
1-19	关于 SketchUp 坐标系统，请勾选正确的表述。（可多选）
C □	尖括号里的数据是相对坐标，如 <X,Y,Z>
D □	方括号里的数据是绝对坐标，如 [X,Y,Z]

1-20	关于 SketchUp 中的圆形、多边形和圆弧，请勾选下列正确的表述。（可多选）
B □	在 SketchUp 里画圆和圆弧，为了提高精度，可以适当提高线段的数量。
E □	用圆形工具和多边形工具画同样的圆形，推拉成圆柱形后外观不同。
1-21	关于 SketchUp 中的圆形、多边型和圆弧，请勾选下列正确的表述。（可多选）
A □	SketchUp 默认用 24 段线拟合成一个圆形，默认用 12 段线拟合成一个圆弧
1-22	SketchUp 里的圆形和多边形，最多可以由 999 个线段拟合而成（谨慎改变默认数）。 □ a □ b □ c □ d □ f
1-23	SketchUp 里的圆弧，最多可以由 999 个线段拟合而成（谨慎改变默认数）。 □ a □ b □ c □ d □ f
1-24	关于 SketchUp 模型的正面和反面，请勾选正确的表述。（可多选）
A □	当把模型导出成 DWG、DXF、3DS、JPG、PNG 等格式的时候，要特别注意正反面
B □	出现少量的反面时，可以逐一翻面，也可以加选所有需要翻转的面后一次完成
1-25	关于 SketchUp 模型的正面和反面，请勾选正确的表述。（可多选）
B □	室内设计专业的室内墙壁正面朝向模型内部，门窗家具都要正面朝外。
1-26	关于 SketchUp 模型的正面和反面，请勾选正确的表述。（可多选）
A □	建模过程中出现的反面应及时翻转。还要做后续渲染的模型，要格外注意模型的正反面。
1-27	关于“相机”，请勾选正确的表述。（可多选）
D □	SketchUp 中有平行投影、透视和两点透视三种模式，完成导出后，应立即恢复到“透视”状态
1-28	关于“相机”，请勾选正确的表述。（可多选）
B □	整个建模过程，最好都要在“透视”状态下进行，用“两点透视”导出的二维图形是人为的变形，不是真实的透视。
1-29	关于 SketchUp 工作区的视角（视野），请勾选正确的表述。（可多选）
A □	SketchUp 默认的视角（视野）是 30° 或 35° ，可兼顾视野宽度并不至于太失真。
C □	更大的视角会增加视觉失真。
E □	相机的视角越小，窗口里的对象离我们就越近。
1-30	关于 SketchUp 工作区的视角（视野），请勾选正确的表述。（可多选）
C □	相机镜头焦距越小，视角越大，景物越近。
1-31	关于模板，请勾选正确的表述。（可多选）
A □	对于 SketchUp 默认模板，公制的中国用户可直接使用，英制的要经过改造后使用。

1-32	关于模板，请勾选正确的表述。（可多选）
D □	改造完成后的模板要保存为模板或默认模板（不同于 skp 模型）。
1-33	请勾选改造模板时需要检查与重新设置的项目。（可多选） 包括：边线类型，计量单位，尺寸角度精度，尺寸线与端部，字体的大小颜色，地理信息，版权信息。 □ f □ i □ j □ k □ l □ m
1-34	关于环绕与平移，请勾选正确的表述。（可多选）
B □	SketchUp 是一个单窗口的三维设计工具，比多窗口的三维软件更加直观易用，但建模过程要不断做环绕和平移的操作
1-35	关于环绕与平移，请勾选正确的表述。（可多选）
C □	建模时的环绕和平移都用快捷键（鼠标滚轮、中键、Shift），很少单击图标。
1-36	关于缩放（放大镜图标），请勾选正确的表述。（可多选）
B □	单击缩放工具（指放大镜的那个）可以检查当前的视角，并且可在“视角 deg”或“焦距 mm”两种方式中选一种进行调整。
1-37	关于缩放（放大镜图标），请勾选正确的表述。（可多选）
C □	单击缩放工具后，输入一个数字后回车可改变视角。
1-38	关于视图（六个小房子），请勾选正确的表述。（可多选）
C □	单击第一个图标看到的不是真实透视，而是相当于从 45° 角看对象。“视图”有严格的标准，仅单击六个小房子图标的任一个都不能得到准确的“视图”，只有同时指定“平行投影”后才能得到严格意义上的各向“视图”。
1-39	关于视图（六个小房子），请勾选正确的表述。（可多选）
A □	想要看“底视图”可在相机菜单里单击底视图。
E □	单击视图工具条上的“等轴”工具后看到的不是真实透视状态的立方体。
1-40	关于视图（六个小房子），请勾选正确的表述。（可多选）
E □	“视图”是借用于二维绘图软件中的概念，不包括“焦距”“视角”“距离”“透视”等概念。
1-41	关于相机，请勾选正确的表述。（可多选）
D □	SketchUp 里的“相机”就是从一个特定的点观看场景，“相机”包括“焦距”“视角”“距离”“透视”等概念。
1-42	关于相机，请勾选正确的表述。（可多选）
C □	SketchUp 的相机包括工作窗口中可见与以外的部分。

1-43　关于剖切工具，请勾选正确的表述。（可多选）

D □　“截面”“剖面”和“剖切”三者有不同的定义，如楼板的截面图中，只要画出截开的楼板，不用理会与楼板连在一起的楼梯；而在楼板的剖面图中，除了要画出截开的楼板外，与楼板连在一起的楼梯也要画出来，剖面图中包含了截面。单击剖面工具后粘在工具图标上的半透明平面是“剖切工具”，简称“剖切”。

1-44　关于剖切工具，请勾选正确的表述。（可多选）

B □　截面图可能是剖面图中的一部分。

E □　在剖面图中，凡是剖开后看得见的东西都要画出来。

1-45　关于工具条，请勾选正确的表述。（可多选）

C □　我们只要调出最重要、最常用的工具条即可，以免少占用宝贵的操作空间。绝大多数常用工具都有默认的快捷键，所以没有必要把工具条都调出来。

1-46　关于工具条，请勾选正确的表述。（可多选）

D □　为了少占用建模空间，所有工具只要显示小图标即可，建模熟练的人很少去单击工具条上的图标

1-47　关于扩展程序（插件），请勾选正确的表述。（可多选）

C □　所有插件不会随着 Ruby 的升级而自动升级，SketchUp 每一次升级伴随着 Ruby 的升级，很多插件因此不能用。

1-48　关于扩展程序（插件），请勾选正确的表述。（可多选）

A □　创建任何模型不一定都要有插件来配合。

D □　有些插件是各行业通用的；真正常用的插件不会很多，通常不会多于 50 个（组）

1-49　关于扩展程序（插件），请勾选正确的表述。（可多选）

A □　“扩展程序”（插件）文件的后缀不见得都是 rbz。

1-50　还是关于扩展程序（插件），请勾选正确的表述。（可多选）

E □　rb 后缀的文件可能是 rbz 文件的一部分，也可能是具有完整功能的插件（没有工具图标）。

1-51　该题已取消

1-52　关于场景（页面），请勾选正确的表述。（可多选）

G □　场景页面的数量不至于太影响模型文件的大小。

1-53　我们设置的每个场景（页面）都可能包含以下信息中的部分或全部。（可多选）

场景包含相机位置、隐藏的几何体、可见的图层、激活了的剖面、动画信息、样式、雾化、阴影、轴线、场景的编号、场景的名称、场景说明。

□ n

1-54	关于样式（风格），请勾选正确的表述。（可多选） 此题无可选的错。
1-55	SketchUp 的“样式”包含了众多的功能与特色，请勾选正确的表述。（可多选） 样式包含样式工具条上的 7 个功能剖面功能、线条粗细、线条颜色、线条形式、平面、天空地面、水印、剖面填充、剖切线、前景照片、背景照片、图层颜色。 □ c □ j □ p □ q □ r □ s
1-56	关于“日照阴影”，请勾选正确的表述。（可多选） 此题无可选的错。
1-57 C □	关于“日照阴影”，请勾选正确的表述。（可多选） 我们可以改变阴影投射在地面上、平面上或取消投射。
1-58 A □	关于“日照阴影”，请勾选正确的表述。（可多选） 为了节省计算机资源，避免卡顿，建模过程中要避免打开日照阴影，勾选“使用阳光参数区分明暗面”，可兼顾光照效果又不至于占用太多资源。
1-59 D □	关于“日照阴影”，请勾选正确的表述。（可多选） SketchUp 可以精确模拟地球上任意一点在任意时间的日照阴影。
1-60 B □	关于雾化，请勾选正确的表述。（可多选） 恰当地使用雾化工具可以形成所谓的“大气模糊”的状态，得到意深境远的效果，“雾化”需要消耗一定计算机资源，建模过程中要避免长时间打开。
1-61 D □	关于雾化，请勾选正确的表述。（可多选） 大多数时候，只要选择默认的背景颜色，用雾化面板对雾化的程度进行调整。
1-62 C □	关于“柔化”，请勾选正确的表述。（可多选） SketchUp 的边线可以进行柔化，从而使有折面的模型看起来显得圆润光滑，但是经过柔化、平滑的边线仍然保存在模型中，不会减少模型的线面数量。
1-63 A □	关于“柔化”，请勾选正确的表述。（可多选） 运用柔化和平滑技术不能减少模型的线面数量，同上题。
1-64	关于“柔化”，请勾选正确的表述。（可多选） 此题无可选的错。
1-65 B □ D □	关于“柔化”，请勾选正确的表述。（可多选） 柔化后的边线不会从模型中删除，如果对象是群组或组件，需要进入群组内部才可进行柔化。
1-66 C □	关于 Style Builder，请勾选正确的表述。（可多选） Style Builder 就是将自定义的手绘线变成手绘草图风格的工具，SketchUp 有大量默认的手绘风格，足够大多数 SketchUp 用户使用，所以 Style Builder 并非必需的。

1-67	关于 Style Builder，请勾选正确的表述。（可多选）
C □	默认样式里有 90 多种手绘风格，绝大多数用户没有必要创建属于自己的手绘边线风格，从头开始做一个新的手绘样式太辛苦，做出来还不如默认的好。
1-68	关于漫游，请勾选正确的表述。（可多选）
	此题无可选择的错。
1-69	关于漫游，请勾选正确的表述。（可多选）
D □	单击像鞋底的工具可以四处游荡，移动鞋底可以往前后左右走动，鞋底离开十字标记越远，走的速度就越快。
1-70	关于漫游，请勾选正确的表述。（可多选）
B □	漫游工具是初学者需要一定练习才能得心应手地运用的工具。
1-71	关于漫游，请勾选正确的表述。（可多选）
	此题无错。

2 重要设置

题号 错题号	错题释疑
2-1	关于“系统设置”，请勾选下列正确的表述。（可多选）
D □	NVIDIA 品牌的显卡支持 OpenGL 比较好，AMD 显卡玩游戏比较流畅。
2-2	关于“系统设置”，请勾选下列正确的表述。（可多选）
B □	勾选“使用最大纹理尺寸”，导入较高像素的图片后 SketchUp 才不会自动降低其分辨率，但需要消耗更多计算机资源，可能会造成卡顿，影响建模速度。
2-3	关于“系统设置”，请勾选下列正确的表述。（可多选）
C □	取消“使用大工具按钮”的勾选后，可减少占用宝贵的工作空间。
2-4	关于“系统设置”，请勾选下列正确的表述。（可多选）
B □ D □	32 倍的去锯齿采样效果最好，但消耗计算机资源更多，不一定选用 32 倍。 不一定要在“应用程序”中指定外部的图像编辑器。
2-5	关于快捷键，请勾选下列正确的表述。（可多选）
A □ D □	快捷键越多未必越方便，设置快捷键时要尽可能保留 SketchUp 默认的快捷键，除非它不合理。

2-6	关于快捷键，请勾选下列正确的表述。（可多选）
B □	为加快建模速度，快捷键数量以能下意识操作为原则，所以只对最常用的功能设置快捷键。
2-7	关于快捷键，请勾选下列正确的表述。（可多选）
A □	设置快捷键就是为了要快，要用想一想再用的快捷键不如去单击工具图标。
2-8	当发现所有快捷键都不能用的时候，最可能的原因是：（可多选） 汉字输入状态 □ a □ b □ c
2-9	关于“模型信息”设置，请勾选下列正确的表述。（可多选）
A □	在“模型信息”里做好设置，保存为默认模板可避免大量重复劳动。
B □	在“模型信息”的第一项可申明模型的技术权益归属（必须提前注册 3D 仓库账号）
C □	从 3D 仓库下载的国外英制尺寸的模型，可以把它改成公制尺寸。
2-10	关于“模型信息”设置，请勾选下列正确的表述。（可单选）
A □	“模型信息”里的设置，大多应在安装完 sketchup 之后就完成，部分在建模前设置。
C □	地理位置信息来源很多，不一定要用 GPS 定位。
D □	“模型信息”面板的“统计信息”对建模有非常重要的参考价值。
2-11	关于“模型信息”设置，请勾选下列正确的表述。（可多选）
A □	勾选“使用消除锯齿纹理”需消耗更多计算机资源，可能造成卡顿。
D □	每个工程所在位置不同，所以“地理位置信息”可以随时更改。
2-12	关于“模型信息”设置，请勾选下列正确的表述。（可多选）
A □	建筑、景观等行业的尺寸线两端要设置成粗短斜线
D □	每个工程所在位置不同，所以“地理位置信息”可以随时更改。

3 绘图工具

题号 错题号	错题释疑
3-1	关于选择与选择工具，请勾选正确的表述。（可多选）
D □	删除面、边线可独立存在，删除任一边线，面就不存在了。
3-2	关于选择与选择工具，请勾选正确的表述。（可多选）
	此题无错。

3-3	关于选择与选择工具，请勾选正确的表述。（可多选）
C □	SketchUp 不能选择所有相同的线条或相同的面
3-4	选择工具有很多种不同的用法，请勾选一共有多少种用法。（可多选） 14 种。 □ a □ b □ c □ e
3-5	关于直线和直线工具，请勾选正确的表述。（可多选）
C □	直线工具是 SketchUp 里用得最多的工具之一，除了画直线还有很多其他功能。
3-6	关于直线和直线工具，请勾选正确的表述。（可多选）
D □	直线是 SketchUp 几何体的最小单位，不能炸开。
3-7	关于直线和直线工具，请勾选正确的表述。（可多选）
E □	直线是 SketchUp 几何体的最小单位，不能炸开。
3-8	把一条直线拆分成五等分，可以获得多少个参考点。（单选） 11 个（6 个端点 +5 个中点） □ a □ b □ c □ e □ f
3-9	关于手绘线工具，请勾选正确的表述。（可多选）
A □ C □	手绘线工具不是常用工具。 手绘线工具绘制的曲线，首尾相接会自动成面。
3-10	关于手绘线工具，请勾选正确的表述。（可多选）
D □	不能用更改线段数量的方法提高手绘线的精细度（某些插件可以）。
3-11	想要获得装饰用的手绘线，可以在画手绘线时按住什么键？请勾选。（可多选） Shift □ a □ c □ d □ e
3-12	关于矩形工具，请勾选正确的表述。（可多选）
B □ E □	绘制一个精确的矩形应按 XYZ 的顺序输入长度数据，以英文逗号隔开。 用旋转矩形工具绘制矩形其实仍然受红绿蓝三轴所形成平面的约束。
3-13	关于矩形工具，请勾选正确的表述。（可多选）
B □ E □	用旋转矩形工具绘制矩形其实仍然受红绿蓝三轴所形成平面的约束。 绘制一个精确的矩形应按 XYZ 的顺序输入长度数据，以英文逗号隔开。
3-14	绘制矩形的时候，有时候能看到虚线形式的对角线，这是提示我们什么？请勾选。（可多选） 正方形 或 黄金分割（1 ： 0.618） □ a □ c

3-15	矩形工具只能在以下平面绘制矩形，请勾选。（可多选） 矩形工具只能在 XY、YZ、XZ 三平面绘制矩形。 □ d
3-16 C □	关于画圆工具，请勾选正确的表述。（可多选） 绘制一个精确的圆形，需要输入圆形的半径。
3-17 A □	关于画圆工具，请勾选正确的表述。（可多选） SketchUp 默认以 24 个直线段拟合成一个圆形。
3-18 B □	关于画圆工具，请勾选正确的表述。（可多选） 增加圆的片段数作为放样路径，会成几何级数增加模型的线面数量，故须慎重。
3-19 C □	关于画圆工具，请勾选正确的表述。（可多选） 绘制圆形要先单击圆心，然后工具沿红绿蓝轴移动得到一个圆，否则后续建模过程会有麻烦。
3-20	请勾选最多可以有多少个线段拟合成一个圆形。（可多选） 一个圆形最多可以有 999 个线段拟合而在。 □ a □ b □ c □ e □ f
3-21 D □	关于多边形工具，请勾选正确的表述。（可多选） 绘制多边形的正规方法：单击圆心，然后工具沿红绿蓝轴移动得到一个多边形。
3-22 D □	关于多边形工具，请勾选正确的表述。（可多选） 用多边形工具与圆形工具绘制同样边数的圆形，拉出体积后，二者的区别是圆形默认柔化。
3-23 A □	关于多边形工具，请勾选正确的表述。（可多选） 绘制多边形的正规方法：单击圆心，然后工具沿红绿蓝轴移动得到一个多边形。
3-24 E □	关于圆弧工具，请勾选正确的表述。（可多选） 用圆弧工具绘制圆弧，默认用 12 个直线片段拟合成一个圆弧。
3-25 C □	关于圆弧工具，请勾选正确的表述。（可多选） 圆弧成型后可以用“图元信息”面板修改圆弧的参数尺寸（半径与片段数）。
3-26 A □	关于圆弧工具，请勾选正确的表述。（可多选） 用圆弧工具可直接绘制正半圆（注意屏幕提示）。
3-27 E □	关于偏移工具，请勾选正确的表述。（可多选） 偏移工具可以完成粗略或精确的偏移。
3-28 E □	关于偏移工具，请勾选正确的表述。（可多选） 至少有两个首尾相连的线段才能用偏移工具偏移出新的线段。

4 造型工具

题号 错题号	错题释疑
4-1	关于“绘图类”“造型类”和“辅助类”工具，请勾选正确的表述。（可多选）
C□	只能绘制线和面的是绘图类工具，能产生立体的工具才是造型类工具，如推拉、路径跟随、沙箱、3D 文字、实体工具等，其余大多是辅助类工具。
4-2	关于“绘图类”“造型类”和“辅助类”工具，请勾选正确的表述。（可多选）
	此题无错。
4-3	勾选只有绘图功能的工具。（可多选） 不能直接绘图的工具是橡皮擦工具、量角器工具、小皮尺工具。 □e □h □i
4-4	勾选下列有造型功能的“工具”与“功能”。（可多选） 偏移工具没有造型功能。 □f
4-5	推拉工具的两种用法，请勾选正确的表述。（可多选）
B□	推拉工具有两种用法，其中一种是按住 Ctrl 键的复制推拉。
G□	按住 Ctrl 键操作推拉工具可以复制出一个面和它的边线。
4-6	推拉工具的两种用法，请勾选正确的表述。（可多选）
A□	推拉工具可以增加、减少几何体的体积，还可以用来挖洞。
4-7	关于移动工具，请勾选正确的表述。（可多选）
C□	移动工具不能把对象沿圆周移动。
4-8	关于移动工具，请勾选正确的表述。（可多选）
D□	移动工具不能做旋转复制。
4-9	关于路径跟随，请勾选正确的表述。（可多选）
	此题无错。
4-10	关于路径跟随，请勾选正确的表述。（可多选）
	此题无错。
4-11	关于路径跟随，请勾选正确的表述。（可多选）
	此题无错。

4-12	请勾选“路径跟随”操作的必要条件。（可多选） “路径跟随”操作的必要条件是一条连续的路径和一个垂直于路径的截面。 □ b □ c
4-13	关于模型交错，请勾选正确的表述。（可多选） 此题无错。
4-14	关于模型交错，请勾选正确的表述。（可多选） 此题无错。
4-15 B □	关于模型交错，请勾选正确的表述。（可多选） 除了在右键菜单里，在“编辑”菜单里也有模型交错这个功能。
4-16 B □ E □	关于沙盒（地形）工具，请勾选正确的表述。（可多选） 沙盒工具除了创建地形，还有很多其他的用途。 沙盒工具还可以用网格创建地形。
4-17 A □ D □	关于沙盒（地形）工具，请勾选正确的表述。（可多选） 沙盒工具除了用等高线创建地形外，还可以用网格创建地形。 沙盒工具也可以创建四边形的网格。
4-18 B □	关于 3D 文字工具，请勾选正确的表述。（可多选） 3D 文字工具可以自动识别文字放置的方向。
4-19 A □	关于 3D 文字工具，请勾选正确的表述。（可多选） 3D 文字工具可以创建立体的文字模型，所以它是一个造型工具。

5 辅助工具

题号 错题号	错题释疑
5-1 B □	关于卷尺工具，请勾选正确的表述。（可多选） SketchUp 可以用小皮尺工具绘制参考点。
5-2 A □	关于卷尺工具，请勾选正确的表述。（可多选） 卷尺工具可以从任一边线拉出辅助线，从任一端点拉出辅助点。

5-3	关于关于卷尺工具，请勾选正确的表述。（可多选）
A □	卷尺工具可以从任一边线拉出辅助线。
D □	卷尺工具可以从任一端点拉出辅助点。
5-4	关于尺寸标注工具，请勾选正确的表述。（可多选）
B □	尺寸标注工具的功能是在模型中标注线性尺寸、直径和半径。
5-5	关于尺寸标注工具，请勾选正确的表述。（可多选）
	此题无错。
5-6	关于量角器工具，请勾选正确的表述。（可多选）
	此题无错。
5-7	关于量角器工具，请勾选正确的表述。（可多选）
	此题无错。
5-8	关于文字工具，请勾选正确的表述。（可多选）
B □	文字工具除了标注带有引线的说明文字外，还可以标注屏幕文字
5-9	关于文字工具，请勾选正确的表述。（可多选）
	此题无错。
5-10	关于文字工具，请勾选正确的表述。（可多选）
B □	“屏幕文字”固定在屏幕的指定位置，只能用移动工具移动。
5-11	关于文字工具，请勾选正确的表述。（可多选）
D □	文字工具除了标注带有引线的说明文字外，还可以标注屏幕文字。
5-12	关于坐标轴工具，请勾选正确的表述。（可多选）
	此题无错。
5-13	关于坐标轴工具，请勾选正确的表述。（可多选）
	此题无错。
5-14	关于缩放工具（矩形加箭头的），请勾选正确的表述。（可多选）
	此题无错。
5-15	关于缩放工具（矩形加箭头的），请勾选正确的表述。（可多选）
	此题无错。
5-16	关于缩放工具（矩形加箭头的），请勾选正确的表述。（可多选）
	此题无错。

5-17	关于缩放工具（矩形加箭头的），请勾选正确的表述。（可多选） 此题无错。
5-18	缩放工具在使用时，被操作的对象上有多少个绿色的操作点。（可多选） 被操作的对象上有 26 个操作点。 □ a □ b □ c □ d □ f
5-19	关于旋转工具，请勾选正确的表述。（可多选） 此题无错。
5-20	关于旋转工具，请勾选正确的表述。（可多选）
A □	旋转工具不能用于测量和标注角度。
C □	旋转工具不能按指定的角度复制出一个副本。
5-21	关于实体工具，请勾选正确的表述。（可多选） 此题无错。
5-22	关于实体的标准和判别，请勾选下列正确的表述。（可多选）
D □	只有在图元信息面板里能够看到体积数据的几何体才是实体，它应该是密闭的空间，一定是组或组件。
5-23	还是关于实体工具，请勾选正确的表述。（可多选） 此题无错。
5-24	关于实体间的合并、相交、去除、修剪和拆分，请勾选下列正确的表述。（可多选） 此题无错。
5-25	关于 3D 仓库，请勾选正确的表述。（可多选）
D □	除了从 SketchUp 登录，还可以用浏览器搜索并登录到 3D Warehouse（3D 仓库）。
5-26	关于 3D 仓库，请勾选正确的表述。（可多选）
A □	3D Warehouse（3D 仓库）里的模型有粗制滥造的，也有不少精品。
5-27	关于 3D 仓库，请勾选正确的表述。（可多选）
A □	任务来不及完成时，3D 仓库里也未必有现成的模型可用。
5-28	关于扩展程序库（插件库），请勾选正确的表述。（可多选） 此题无错。
5-29	关于扩展程序库（插件库），请勾选正确的表述。（可多选）
B □	“扩展程序库”里的插件，大多是免费的，也有收费的。

5-30	关于扩展程序库（插件库），请勾选正确的表述。（可多选）
	此题无错。
5-31	关于 BIM，请勾选正确的表述。（可多选）
	此题无错。
5-32	关于 BIM，请勾选正确的表述。（可多选）
A □	建筑行业的模型不一定每个都必须是 BIM。
5-33	还是关于 BIM，请勾选正确的表述。（可多选）
	此题无错。
5-34	还是关于 BIM， 请勾选正确的表述。（可多选）
	此题无错。
5-35	关于分类报告、IFC，请勾选正确的表述。（可多选）
	此题无错。
5-36	关于分类报告、IFC，请勾选正确的表述。（可多选）
	此题无错。
5-37	关于分类报告、IFC，请勾选正确的表述。（可多选）
	此题无错。
5-38	下列描述是一个完整的 IFC 分类信息吗？请勾选。 Furniture_Seating_Arts-Crafts-Dining-Chair（参考译文：家具_椅子_工艺-手工制作-进餐-椅子）
B □	以上是一个完整的 IFC 分类信息。
5-39	关于 Trimble Connect（天宝连接），请勾选正确的表述。（可多选）
	此题无错。
5-40	关于 Trimble Connect（天宝连接），请勾选正确的表述。（可多选）
	此题无错。
5-41	关于 Trimble Connect（天宝连接），请勾选正确的表述。（可多选）
	此题无错。

6 材质与贴图

题号 错题号	错题释疑
6-1	关于材质工具，请勾选正确的表述。（可多选） 此题无错。
6-2	关于材质工具，请勾选正确的表述。（可多选） 此题无错
6-3	SketchUp 里的小吸管工具的名称是“样本颜料”，请勾选更合适的名称。（可多选） 更合适的名称有取样工具、吸管工具、样本工具。 □ a □ e
6-4	关于材质面板，请勾选正确的表述。（可多选） 此题无错
6-5	“材质面板”是一个非常重要的管理器，使用它能够：（可多选） 使用“材质面板”能浏览材质文件，调用材质文件，编辑修改材质文件，创建新的材质，删除一个或多个材质，创建材质集合，恢复成默认材质。 □ e
6-6 B □	关于材质文件，请勾选正确的表述。（可多选） skm 后缀的文件只能在 SketchUp 的材质面板里打开。
6-7 A □	关于材质文件，请勾选正确的表述。（可多选） 用材质面板不能浏览和调用本机或外部设备中的图片。
6-8 A □	关于材质文件，请勾选正确的表述。（可多选） 用材质面板上的“删除全部”将删除模型里的全部材质而不是垃圾材质（谨慎使用）。
6-9 D □	关于 SketchUp 里的色彩体系，请勾选正确的表述。（可多选） SketchUp 不能直接导出 CMYK 色系的图像。
6-10 A □ D □	关于 SketchUp 里的色彩体系，请勾选正确的表述。（可多选） RGB 模式只能用于屏幕显示与影视业，不适用于打印。 SketchUp 不能把 RGB 色彩模式的图像文件无损转换为 CMYK 模式。

6-11 请勾选 SketchUp 里实际使用的色彩体系。（可多选）

SketchUp 没有 CMYK 色彩模式，色轮是 HSB 色系的另一种显示形式不是另一种色彩体系。

□ d □ e

6-12 还是关于材质，请勾选正确的表述。

b）无论用什么方法弄到 SketchUp 里的图片，只要炸开后就出现在材质面板上。

□ b

6-13 请勾选在 SketchUp 里创建材质的正确方法。（可多选）

此题无错

6-14 SketchUp 默认的、以英寸为单位的材质，有哪些是可以直接应用的？（可多选）

草地、卵石、水波纹、沥青、水泥可用，凡是有尺寸的都不能直接应用。

□ f □ g □ h □ i □ j □ k

6-15 关于色彩调整，请勾选正确的表述。（可多选）

此题无错

6-16 关于色彩调整（HSB 面板），请勾选正确的表述。（可多选）

此题无错

6-17 关于贴图，请勾选正确的表述。（可多选）

C □ SketchUp 自带的贴图形式不能把一幅图片贴到一个圆锥体上做成一个冰淇淋的蛋筒部分

D □ SketchUp 自带的投影贴图形式能把一幅图片投影裱贴在不规则的对象上

6-18 关于贴图，请勾选正确的表述。（可多选）

D □ SketchUp 自带的贴图形式不能把一幅世界地图贴到球体上去做成一个地球仪

6-19 请勾选 SketchUp 自带的基本贴图方法。（不用插件，可多选）

SketchUp 自带的基本贴图方法有非投影贴图（像素贴图）、投影贴图、包裹贴图、逐格贴图、坐标贴图、图片贴图。

□ c □ d □ i

6-20 用 SketchUp 自带的贴图功能做贴图，可以调整的项目有：（不用插件，可多选）

可调整的项目有图片的大小、图片的坐标、图片的角度、图片的纵横比、梯形与平行四边形变形。

□ a □ f

7 模型管理

题号 错题号	错题释疑
7-1	请勾选 SketchUp 对几何体的管理手段。（可多选） SketchUp 对几何体的管理手段有组（群组）、组件、管理目录、图元信息、图层、组件面板。 □e □f □h □i □j □k □l
7-2 D □	关于管理目录，请勾选正确的表述。（可多选） 模型中所有的组、组件和实体都在“管理目录”中“逐条记录在案”。
7-3	请勾选用“管理目录”对模型中的任一（或一批）对象能做的操作。（可多选） 此题无错
7-4	我们可以用“图元信息”面板对已选中的对象做以下操作。（可多选） 用“图元信息”面板对已选中的对象进行的操作有定义价格、标注尺寸信息、标注 URL（网址）、标注当前状态信息、标注所有者、标注 IFC 分类。 □d
7-5	我们可以用“图元信息”面板查阅已选中对象的下列信息。（可多选） 可用“图元信息”面板对已选中的对象查阅的信息有：线段的长度、弧的片段数、弧的长度、圆的半径、圆面积、多边形的线段、对象所在的图层、更改对象所在的图层、对象的名称、更改对象的名称、定义对象的类型、对象的体积、对象的面积。 □e □h
7-6	我们可以用“图元信息”面板对已选中的对象做下列操作。（可多选） 可用“图元信息”面板对已选中的对象进行的操作是：隐藏与恢复显示、锁定与解除锁定、接受或不接受阴影、投射或不投射阴影。 □c
7-7 A □	关于“组”与“组件”，请勾选正确的表述。（可多选） “组”与“组件”的性质有相同之处，也有不同之处。
7-8 C □	关于“组”与“组件”，请勾选正确的表述。（可多选） 相同的组件之间有关联性
7-9 C □	关于“组”与“组件”，请勾选正确的表述。（可多选） “组”与“组件”都可以隔离几何体，但相同组件间还有关联性。

7-10 关于“组”与“组件”，请勾选正确的表述。（可多选）

B □ 一个嵌套的组或组件里还包含有一层或多层，每层有一个或多个组。

C □

7-11 关于“组”与“组件”，请勾选正确的表述。（可多选）

A □ 为了编辑嵌套的组或组件，只要双击即可进入一层。

C □ 一个嵌套的组或组件里还包含有一层或多层，每层有一个或多个组。

7-12 关于创建“组”或“组件”，请勾选正确表述。（可多选）

C □ 下图两个正方形有一条共用的边线，把右边的正方形创建群组，再对左边的正方形创建群组，并不会丢失边线。

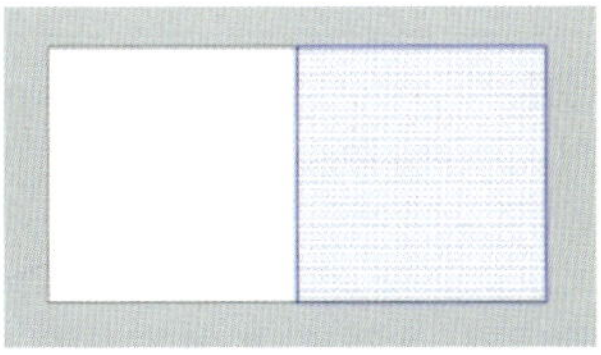

7-13 关于创建“组”或“组件”，请勾选正确表述。（可多选）

D □ 我们可以把一个立方体的部分或所有面（包含或不包含边线）创建组或组件。

7-14 关于导入导出，请勾选正确的表述。（可多选）

C □ SketchUp 的备份文件格式是 skb，可以改成 skp 后用 SketchUp 打开。

7-15 关于导入导出，请勾选正确的表述。（可多选）

此题无错。

7-16 还是关于导入导出，请勾选正确的表述。（可多选）

此题无错。

7-17 还是关于导入导出，请勾选正确的表述。（可多选）

此题无错。

7-18 导入大图像而不严重影响 SketchUp 运行的最好办法是：（单选）

最好的方法是分割图像后分次导入。

□ a □ b □ c

7-19 关于导入导出，请勾选正确的表述。（可多选）

此题无错。

7-20 还是关于导入导出，请勾选正确的表述。（可多选）

此题无错。

7-21	我们为什么要使用 SketchUp 的导入 / 导出功能？（可多选） 用其他软件做后续加工、渲染、出施工图等。 □ a
7-22	关于导入导出，请勾选正确的表述。（可多选） 此题无错。
7-23	关于导入导出，请勾选正确的表述。（可多选） 此题无错。
7-24	关于导入导出，请勾选正确的表述。（可多选） 此题无错。
7-25	SketchUp 的图层功能跟 AutoCAD、Photoshop 的图层功能相同吗？（可多选） 完全不同。（所以 2020 版开始改成了“标记”，但用户们仍然习惯称之为“图层”） □ a　□ b
7-26 C □	关于图层与图层管理器，请勾选正确的表述。（可多选） 分布在不同图层的几何体仍然连在一起，这是 SketchUp 不同于其他软件的特点。
7-27 C □	关于图层与图层管理器，请勾选正确的表述。（可多选） 在 SketchUp 里建模，图层不是必需的。
7-28 B □	关于图层与图层管理器，请勾选正确的表述。（可多选） 模型中已有的图层可在“图层管理器”里浏览和操作。
7-29	关于图层与图层管理器，请勾选正确的表述。（可多选） 此题无错。
7-30	关于图层与图层管理器，请勾选正确的表述。（可多选） 此题无错。
7-31	关于图层与图层管理器，请勾选正确的表述。（可多选） 此题无错。
7-32	关于图层与图层管理器，请勾选正确的表述。（可多选） 此题无错。
7-33	关于图层与图层管理器，请勾选正确的表述。（可多选） 此题无错。
7-34	关于图层与图层管理器，请勾选正确的表述。（可多选） 此题无错。

8 LayOut

题号 错题号	错 题 释 疑
8-1	根据 LayOut 的官方定位，请勾选正确的表述。（可多选） 此题无错。
8-2	根据 LayOut 的官方定位，请勾选正确的表述。（可多选） 此题无错。
8-3	关于 LayOut 的模板，请勾选正确的表述。（可多选） 此题无错。
8-4	关于 LayOut 与 skp 模型的关联，请勾选正确的表述。（可多选） 此题无错。
8-5	关于制图文字，请勾选正确的表述。（可多选） 此题无错。
8-6	关于 LayOut 对图纸的命名，请勾选正确的表述。（可多选） 此题无错。
8-7 C □	关于 LayOut 的视图，请勾选正确的表述。（可多选） 以透视状态的视图制作施工图不符合国家标准与规范。
8-8 C □	关于 LayOut 的材质，请勾选正确的表述。（可多选） 用带有材质或贴图的模型制作施工图（彩色施工图）不符合制图标准与规范。
8-9	请勾选下列正确的表述。（可多选） 此题无错。
8-10	关于 LayOut 的文件、场景与页面，请勾选正确的表述。（可多选） 此题无错。
8-11	在 LayOut 文件里添加文本有下列几种方式，请勾选正确的表述。（可多选） 文本不能从 SketchUp 模型带入。 □ d
8-12	请勾选正确的表述。（可多选） 此题无错。

8-13	请确认以下表述是否正确： 此题无错。
8-14	请勾选正确的表述。（可多选） 此题无错。
8-15	关于制图文字，请勾选正确的表述。（可多选） 此题无错。

9 建模技巧

题号 错题号	错题释疑
9-1 A □ B □ D □ E □	打开 SketchUp 后要做的第一件事情，请勾选正确的操作。（单选） 起个文件名，保存成一个新文件。
9-2 B □	建模过程中遇到困难，很难继续甚至要推倒重来，最可能是什么原因造成的？（可多选） 图样尺寸等不全；没有预想到的困难；原始资料有错误。
9-3 A □	建模过程中遇到困难，很难继续甚至要推倒重来，最可能是什么原因造成的？（可多选） 原始资料有错误（图样尺寸等）；建模初期不够严谨，留下太多废线、废面很难清理；建模初期没有及时编组，大量几何体粘在了一起。
9-4 A □ C □	遇到下面图片所示的模型被裁切时，请勾选最可能造成这种情况的原因。（可多选） 模型中可能有细小的垃圾并且离坐标原点较远；模型离坐标原点太远；导入了不严谨的 DWG 文件。 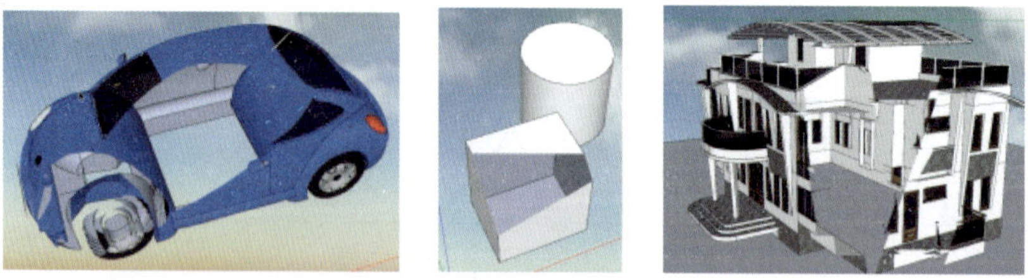

9-5	遇到如上图片所示模型被裁切时，请勾选可能的解决方法。（可多选）
A □ C □	清理模型中的细小垃圾；把模型移动到坐标原点附近；复制到另外一个 SketchUp 窗口里去。
9-6	想要提高建模的效率（速度），请勾选如下需要注意的地方。（可多选）
D □	预想建模的顺序和可能遇到的困难；尽可能提前准备好所需的材质、组件、插件；凡是重要的参考点、参考线、圆心、旋转轴等要锁定、隐藏或另设置一图层。
9-7	如何快速找到丢失的 skp 模型，请勾选正确的表述。（可多选）
A □	在 Windows 的资源管理器里搜索“*.skb”，改后缀为 .skp，再用 SketchUp 打开。
9-8	关于模型里的垃圾与清理，请勾选正确的表述。（可多选）
C □	SketchUp 模型里的垃圾不包括有意隐藏的辅助线和参考点。
9-9	关于对模型中几何体的管理，请勾选正确的表述。（可多选）
	此题无错。
9-10	要把模型导出成带有透明通道的 PNG 图像，请勾选下列正确的表述。（可多选）
C □	在样式面板中取消天空，导出时指定导出透明背景。
9-11	请勾选符合“多快好省”原则的建模技巧。（可多选）
	此题无错。
9-12	请勾选导入 dwg 文件前必须做的准备工作。（可多选）
	此题无错。
9-13	请勾选导入 dwg 文件后最可能出现的麻烦。（可多选）
	此题无错。